Adama Hilou

Pharmacognosie et vertus nutraceutiques de la flore africaine

Adama Hilou

Pharmacognosie et vertus nutraceutiques de la flore africaine

Amaranthus spinosus et Boerhaavia erecta, plantes
médicinales riches en Bétalaïnes

Presses Académiques Francophones

Impressum / Mentions légales
Bibliografische Information der Deutschen Nationalbibliothek: Die Deutsche Nationalbibliothek verzeichnet diese Publikation in der Deutschen Nationalbibliografie; detaillierte bibliografische Daten sind im Internet über http://dnb.d-nb.de abrufbar.

Information bibliographique publiée par la Deutsche Nationalbibliothek: La Deutsche Nationalbibliothek inscrit cette publication à la Deutsche Nationalbibliografie; des données bibliographiques détaillées sont disponibles sur internet à l'adresse http://dnb.d-nb.de.

Coverbild / Photo de couverture: www.ingimage.com

Verlag / Editeur:
Presses Académiques Francophones
ist ein Imprint der / est une marque déposée de
OmniScriptum GmbH & Co. KG
Heinrich-Böcking-Str. 6-8, 66121 Saarbrücken, Deutschland / Allemagne
Email: info@presses-academiques.com

Herstellung: siehe letzte Seite /
Impression: voir la dernière page
ISBN: 978-3-8381-4426-9

Zugl. / Agréé par: Ouagadougou, Université de Ouagadougou, 2006

i

"Aussi parfaite que soit l'aile d'un oiseau, elle ne

lui permettra jamais de voler sans le soutien de l'air.

Les faits sont l'air de la science. Sans eux, un homme

scientifique ne pourra jamais s'envoler"

Ivan Petrovitch PAVLOV (1849-1936)

DEDICACES

Je dédie ce Livre

A la mémoire de mon père, Mitaga HILOU

A la mémoire de ma mère, Gnigatio HILOU

A tous mes frères et sœurs

A mon amie, Julienne TIENDREBEOGO

Au Professeur Joseph KI-ZERBO dont le sacerdoce pour la

Conscience et la Science en Afrique m'ont fortifié.

Au Professeur Odile Germaine NACOULMA qui en plus d'avoir encadré la réalisation des travaux scientifiques, constitue à mon humble avis « le disque dur » de la biochimie des plantes en Afrique aussi bien par le caractère encyclopédique de ses savoirs que par l'originalité de ses approches scientifiques.

Aux tradithérapeutesde santé du Burkina Faso et en particulier à ceux des provinces de Bazéga, Ganzourgou, Kadiogo, Oubritenga, Passoré et Kourwéogo, qui ont bien voulu accepter de participer au partage de connaissances lors de l'enquête ethnobotanique.

LISTE DES PUBLICATIONS SCIENTIFIQUES SOUS-TENDANT LE LIVRE

1) Florian C. Stintzing, Dietmar Kammerer, Andreas Schieber, **Hilou Adama**, Odile Nacoulma, & Reinhold Carle. (2004) Betacyanins and phenolic Compounds from *Amaranthus spinosus* L. and *Boerhaavia erecta L.Z. Naturforsch.*,59c, 1-8

2) **Hilou Adama**, Piro Jean, Nacoulma G. Odile (2004) Paramètres physico-chimiques de stabilité des bétacyanines d'*Amaranthus spinosus* L. (Amaranthaceae) et de *Boerhaavia erecta* L. (Nyctagynaceae). *Journal Société Ouest-africaine de Chimie* ; 017, 57-70

3) **A. Hilou**, O.G. Nacoulma, T.R. Guiguemde (2005). *In vivo* antimalarial activities of extracts from *Amaranthus spinosus* L. and *Boerhaavia erecta* L. in mice. Journal of Ethnopharmacology 103: 236-240;

4) **Hilou Adama**, Nacoulma Odile, Rasoldimby J.M (2006). Caryophyllales therapeutic and nutritional power related to their metabolites particularly their high level in Betalains. *Functional Foods for Cardiovascular Diseases*, 2, 121-131.

5) **Adama Hilou**, Jeanne Millogo-Rasolodimby, Odile Germaine Nacoulma, (2013). Betacyanins are the most relevant antioxidant molecules of *Amarantus spinosus* and *Boerhaavia erecta*. International Journal of Medicinal Plant Research. Journal of Medicinal Plants Research Vol. 7(11), pp. 645-652.

LISTE DES ABREVIATIONS

ABTS :	2,2'-AzinoBis(3-ethylbenzoThiazoline-6 Sulfonic acid)
ACoET :	acétate d'éthyle
ADN :	acide désoxyribonucléique
ADP :	Assemblée des Députés du Peuple
A. spinosus	*Amaranthus spinosus*
B. erecta	*Boerhaavia erecta*
BHA	Butyl HydroxyAnisol
BHT	Butyl HydroxyToluène
CAM:	Crassulacean Acid metabolism.
CAR$_{50}$:	Capacité antiradicalaire 50%.
CCM :	Chromatographie sur couche mince
CL-SM :	Chromatographie Liquide-spectrométrie de Masse.
DE$_{50}$:	Dose efficace à 50%
DL$_{50}$:	Dose létale à 50%
DO :	Densité optique.
EDTA :	Acide Ethylène Diamine Tetraaceétique.
ES :	Ecart Standard.
fe:	Feuille
fl:	Fleur
FP-CQ :	Ferriproto-Porphyrine-Chloroquine
FPX :	Ferriproto-Porphyrine X
GABA:	Gamma amino butyric acid
GSH	Glutathion Peroxydase
Hd :	herbacée dressée
HDL	High Density Lipoprotein
Hp :	herbacée prostrée
HPLC-DAD :	Chromatographie Liquide Haute Performance – Détecteur à barrette de diodes
HPLC-ESI-MS :	HPLC-ionisation par pulvérisation électronique/Spectrométrie de Masse
Hr:	herbacée rampante
Hrg:	herbacée rampante et grimpante
ICAM	Inter Cellular Adherance Molecule
INSD :	Institut National de Statistiques et de Démographie
Intr. :	plante introduite (non locale a l'origine)
LDL	Low Density Lipoprotein
L :	liane (plante lianescente)
Loc. :	plante locale (non introduite)
MM :	Masse molaire
Na$_2$CO$_3$:	Carbonate de Sodium
NH$_4$OH :	Hydroxyde d'Ammonium
OMS :	Organisation Mondiale de la Santé
Pfcrt et Pfmdr1 :	gênes de Plasmodium falciparum intervenant dans ses mécanismes de chimiorésistance
ppm :	Partie par million
PNLP	Programme National de Lutte contre le Paludisme
r :	racine
RMN :	Résonance Magnétique Nucléaire
SIDA :	Syndrome de l'immunodéficience acquise.
SP :	bithérapie au Sulfadoxine-Pyriméthamine
TFA :	TriFluro Acetic acid
Tg:	tige
UFR/SVT :	Unité de Formation et Recherche en Science de la Vie et de la Terre
λmax :	longueur d'onde d'absorbance maximale
+ :	présence
- :	absence

TABLE DES MATIERES

LISTE DES FIGURES

LISTE DES PHOTOS (non inclus les annexes)

LISTE DES TABLEAUX

INTRODUCTION GENERALE

Selon l'Organisation Mondiale de la Santé, plus de 70 % des populations des pays en voie de développement ont recours aux produits de la médecine traditionnelle pour ses besoins de santé primaires [OMS, 2000]. En Afrique et plus particulièrement au Burkina Faso, cette tendance est encore plus frappante (comme l'indique les pré-requis de la Loi 23/94/ADP du 19 mai 1994) surtout lorsqu'on se rappelle la Déclaration d'Alma-Ata (1978) et de l'Initiative de Bamako (1979) sur les Médicaments Essentiels et Génériques.

Entre autres, deux hypothèses semblent le mieux rendre compte de cette situation. Il y a, évidemment et surtout, la situation économique indigente de la majorité de la population (plus de 48% des Burkinabé vivaient sous le seuil de pauvreté en 2003 selon l'INSD) qui rend problématique l'accès aux médicaments modernes. Cela est même aggravé par l'insuffisance de moyens des structures de la médecine moderne. La seconde raison justifiant le recours à la médecine traditionnelle est sa grande affinité avec les conceptions ethno-psychologiques des populations.

Même lorsque l'obstacle de l'accès aux médicaments semble levé, il se pose encore le problème récent, de plus en plus récurent, d'efficacité thérapeutique de certaines molécules généralement issues de synthèse chimique industrielle, contre lesquels certains parasites ont développé de nombreux mécanismes de résistance [Somé, 2006].

La Tuberculose qui connaît actuellement un regain du fait de la pandémie du SIDA (qui touchait au moins 4 ,2 % des Burkinabé en 2004) [ONUSIDA, 2004], les maladies, diarrhéiques et surtout le paludisme sont aujourd'hui les premières causes de décès au Burkina Faso (PNLP, 2005).

Les résistances croissantes des plasmodies aux antipaludéens [Werndorpher et Payne, 1991], associées aux résistances des moustiques-vecteurs aux insecticides, placent de nouveau le paludisme (ou malaria), au premier plan des préoccupations de santé dans les zones intertropicales comme le Burkina Faso.

L'organisation mondiale de la santé estime qu'il y a chaque année dans le monde quelques 300 à 350 millions de cas cliniques dont 90% en Afrique, causant la mort de 1,5 à 2,7 millions de personnes parmi lesquels on compte plus d'un (1) million d'enfants africains de moins de cinq ans [Rasoanaivo, 2001].

En plus de ce fardeau sur la santé des populations, le paludisme entrave sérieusement le développement humain durable. Il a un impact négatif sur l'espérance de vie (décès prématurés), l'éducation des enfants (absentéismes à l'école, séquelles neurologiques), la productivité (absentéisme ou baisse de force productive), l'épargne familiale. C'est aussi une maladie qui touche surtout les pauvres et marginaux, les minorités, les populations déplacées.

Le problème majeur dans la lutte antipaludique réside dans la difficulté de découvrir de nouvelles voies thérapeutiques et surtout de développer de nouvelles molécules antipaludiques et de nouveaux protocoles d'intervention.

Les expériences passées ont en effet montré que l'intense et rapide capacité de résistance de *Plasmodium falciparum* à la plupart des antipaludéens dépendait fortement de l'intensité de leur utilisation. Aussi un plus large éventail de produits permettrait, en outre, de tester si le retrait d'un d'entre eux aboutit effectivement à un retour de la susceptibilité des parasites à ce produit, ce qui conduirait à terme, à une utilisation des thérapeutiques par « pulses » successifs, comme pour les insecticides [Vial, 1996].

L'herboristerie traditionnelle a fourni des composés de premier choix. La quinine reste aujourd'hui encore au premier plan, alors que l'Artémisinine et ses dérivés constituent un espoir contre les parasites poly-pharmaco-résistants. Mais d'une façon générale, seuls de nouveaux modèles pharmacologiques permettront de sélectionner des molécules ayant un mode d'action original, permettant ainsi de pallier les résistances actuelles. Le manque de structures vraiment originales allié à la méconnaissance des cibles spécifiques a été le vrai ferment du désastre actuel. Le besoin de développement de nouveaux antipaludéens est donc criard aujourd'hui.

Les molécules à fonction Ammonium IV et les chélateurs de métaux figurent parmi d'autres, comme nouveaux outils en investigation [Pradines et al., 2003 ; Pino et al., 2005].

En plus de cette recherche de molécules nouvelles pour faire face aux résistances du parasite aux antipaludiques classiques, il y a nécessité de la mise en œuvre de nouvelles stratégies thérapeutiques. Le développement d'approches de recherche thérapeutique ciblant des fonctions cellulaires à priori indépendantes du parasite permet d'envisager l'utilisation de nouveaux composés qui optimiseraient les thérapeutiques actuelles (ou a venir) en limitant les effets néfastes des radicaux libres. En effet des travaux ont montré que lorsqu'une cellule est envahie par un agent pathogène (cas par exemple du neurone dans le neuropaludisme) elle est soumise à un stress oxydant transitoire ou permanent dépendant de la cellule hôte et de l'agent infectieux. Cet état de stress cellulaire conduit à la production d'espèces réactives de l'oxygène de l'hôte, notamment des radicaux libres et à une modification de la perméabilité cellulaire.

Les produits des radicaux libres et le développement de phénomènes inflammatoires consécutifs à l'infection ne sont pas simplement des mécanismes de défense naturelle anti-infectieuse, mais ils peuvent aussi participer activement au développement de certains dysfonctionnements cellulaires et tissulaires.

Ainsi les radicaux libres étant impliqués dans l'étiologie de l'hypertension artérielle, des cancers, du diabète, des artérioscléroses, des rhumatismes, de la maladie d'Alzheimer, ainsi que des cardiopathies. [Halliwell et Gutteridge, 1990], d'où le connaît un regain d'intérêt la recherche d'antioxydant d'origine végétale.

Les bétalaïnes, molécules à fonction ammonium IV et chélateurs de cations (Fe, Cu, Zn) [Attoe et Von Elbe, 1984 ; Butera et al., 2002] sont reconnues pour avoir la meilleure activité antiradicalaire parmi les phytomolécules [Zakharova et Petrova, 1998 ; Delgado-Vargas et al., 2000, Kanner et al., 2001]. De plus celles-ci possèdent également d'intéressantes propriétés nutraceutiques.

Bien qu'on suspecte certaines plantes médicinales de posséder des vertus antipaludique et/ou antioxydant, seules des investigations pharmacognosiques complètes sur des plantes médicinales locales pourraient permettre la valorisation de la médicine et de la pharmacopée traditionnelles autant que le développement de nouvelles molécules thérapeutiques [Farnsworth, 1986] et ou d'additifs alimentaires pharmaco-actifs [Von Elbe et Goldman, 2000].

Dans ce cadre, les espèces de l'ordre des Caryophyllales semblent constituer un immense réservoir de composés thérapeutiques nouveaux. Leurs potentiels antibactérien [Van Dunen, 1986; Hirama-luma, 2000], anti-inflammatoire [Bhalla et al., 1971], analgésique [Katharina et al.1992] antidiabétique [Pari et al., 2004]; hépato-protecteur [Diallo, 1983; Chakraborti, 1989] ; anti-cystique [Samy et al. , 1999] ; antivirale [Awasthi et al., 1984 ; Verma et al., 1979 Mabry, 2001; Zryd et Christinet, 2003] ; anti-tumorale [Arkko et al., 1980 ; Kapadia et al., 1995, 1996, 1997, 1998, 2003 ; Mandal et al., 2001 ; Jayaprakasam et al. , 2004]; antiradicalaire [Zakharova et Petrova, 1998; Kumar et Mueller, 1999; Escribano et al., 2001 ; Cai et Corke, 2003] et antifongique [Stafford, 1994 ; Coley et Aide., 1989 ; Delgado-vargas et al., 2000 ; Costa-Arbulu et al., 2001] ont été mis en évidence.

Au Burkina Faso *Amaranthus spinosus* L. (Amaranthaceae) et *Boerhaavia erecta* L. (Nyctagynaceae) se révèlent comme les deux espèces de Caryophyllales à bétalaïnes les plus utilisées aussi bien en nutrition humaine (légumes, colorants), animale (fourrage d'embouche) qu'en médecine traditionnelle pour soigner diverses pathologies comme le paludisme, les troubles hépatiques, les insuffisances urinaires, les plaies [Miralles et al. 1998 ; Berghopher et Schoenlechner, 2002 ; Nacoulma, 1996] ainsi que les piqûres d'insectes [Nacoulma et al., 1998]

Malgré quelques études analytiques de racines ou de feuilles de certaines espèces des genres *Boerhaavia* et *Amaranthus* [Diallo, 1983 ; Teutonico et Knorr, 1985 ; Braun-Sprakties, 1992 ; Srivastava et al., 1998 ; Edeoga et Ikem, 2002], le manque de données sur le profil phytochimique complet ainsi que la toxicité et les activités biologiques de ces deux herbacés sauvages ne permet pas de pouvoir vulgariser leurs utilisations.

Il était ainsi nécessaire d'entreprendre une étude scientifique pour certifier les propriétés pharmacodynamiques de ces deux espèces. Une étude antérieure [Hilou, 1997] nous avait permis de faire une analyse phytochimique préliminaire sur certaines espèces de l'ordre des Caryophyllales. Cela avait montré la présence de métabolites d'intérêt biologique et pharmacologique dans ces espèces.

Aussi, dans la présente étude, l'objectif général était d'évaluer expérimentalement les propriétés thérapeutiques, prophylactiques et nutraceutiques des deux espèces en relation avec leurs métabolites et particulièrement les bétalaïnes. Cela permettrait de donner une base scientifique à l'utilisation fréquente de ces deux espèces en médecine traditionnelle, et ainsi de jeter les bases du développement de phytomedicament contre le paludisme et les pathologies de dégénérescence oxydative à partir d'extraits riches en bétalaïnes.

Plus spécifiquement, la présente étude a consisté à :

- faire l'état des lieux de l'importance des Caryophyllales à bétalaïnes dans la Pharmacopée et les pratiques médicinales et/ou alimentaire traditionnelles des populations du plateau central Mossi, à travers une enquête ethnobotanique et ethno-pharmacognosique ;

- Rechercher les bétalaïnes (par des tests chimiques) et discuter de leur implication thérapeutique dans les utilisations des espèces de l'ordre des Caryophyllales, en analysant les rituels et pratiques médicinales traditionnelles concernant ces espèces.

- Effectuer les criblages phytochimiques *d'Amaranthus spinosus* et de *Boerhaavia erecta* afin d'identifier les métabolites secondaires pharmaco-actifs des deux espèces.

- Evaluer la toxicité générale aiguë ainsi que l'activité antiplasmodiale des extraits de ces deux espèces

- Etudier l'activité antioxydante des extraits des deux espèces et identifier les structures moléculaires des composés antiradicalaires les plus actifs.

- Evaluer les propriétés d'additif alimentaire nutraceutique des extraits des deux espèces.

Ce travail s'articule en quatre principales parties :

Une synthèse bibliographique constituant la première partie nous permettra de faire une esquisse de l'état actuelle des connaissances sur le paludisme et les maladies de stress oxydant de même que les données de botanique, d'ethnobotanique et de phytochimie des deux espèces étudiées.

La seconde partie présente les matériel et méthodes utilisés pour étayer nos hypothèses d'étude.

La troisième partie présente les résultats obtenus, leurs interprétations et discussions. Et enfin, les conclusions tirées de cette étude et de nouvelles perspectives de recherches complémentaires sont énoncées en fin du livre.

PREMIERE PARTIE :

ETAT DE L'ART SUR LE SUJET

CHAPITRE 1 : GENERALITES SUR LE PALUDISME

1. Epidémiologie du paludisme

Le Paludisme (du latin *palus* ou *paludis* : marais) ou Malaria (de l'italien mala aria : mauvais air), la plus importante de toutes les maladies qui frappent l'espèce humaine, est connue depuis des temps très anciens [OMS, 2000]. On croit retrouver sa trace dans un livre Biblique, le Deutéronome, de même que dans les écrits qui nous sont parvenus des anciennes civilisations Egyptiennes, Chinoises, Chaldéennes et Hindoues. On admet qu'Homère y a fait allusion au Chant X de l'Iliade. La malaria était fréquente en Grèce antique et cinq siècles avant Jésus-Christ, Hippocrate, au premier livre de ses Epidémies, décrit les différents types de fièvres palustres.

Le paludisme pose aujourd'hui un problème de santé publique dans de nombreux pays et concerne près de 40% de la population mondiale [OMS, 2000]. La figure 1 montre que le paludisme est répandu dans toutes les régions intertropicales. En Afrique, Asie et Amérique latine, tous les ans, on recense 300 à 350 millions de cas cliniques dont 90% en Afrique, causant la mort d'au moins un million de personnes parmi lesquels beaucoup d'enfants [Rasoanaivo, 2001].

L'Organisation Mondiale de la Santé (OMS) estime que le paludisme induit un effet économique négatif d'au moins 1,5% sur le produit intérieur brut annuel des pays dans lesquels la maladie sévit. [PNLP, 2005].

En Afrique, Il arrive que les familles dépensent près du quart de leur revenu pour le traitement du paludisme [Dadjoari, 1992 ; PNLP, 2005]. Malgré ce coût énorme, les effets attendus ne sont pas toujours atteints surtout du fait de la résistance des parasites à certains des médicaments existants (comme le montre la figure 1), à l'expansion géographique de la résistance des moustiques aux insecticides.

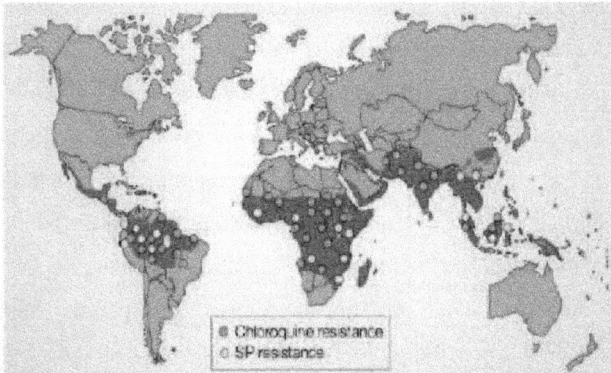

Figure 1: géographie du paludisme et des chimiorésistances (Touré et Oduola, 2004)

2. Le parasite et le vecteur

Le Paludisme est provoqué par un parasite hématozoaire (de l'embranchement des Sporozoaires, de l'ordre des Haemosporidiae) du genre *Plasmodium* transmis d'un sujet malade à un sujet sain par l'intermédiaire de moustique du genre *Anopheles*. Le germe subit dans l'organisme du malade comme dans le corps du moustique un certain nombre de transformations obligatoires (métamorphoses) qui constituent son cycle évolutif.

Les quatre espèces plasmodiales parasites de l'Homme sont : *Plasmodium vivax*, *Plasmodium falciparum*, *Plasmodium malariae*, *Plasmodium ovale*. Ce sont des protozoaires intracellulaires dont la multiplication est asexuée (ou schizogonique) chez l'Homme et sexuée (sporogonique) chez le moustique vecteur, l'anophèle femelle.

Les Anopheles sont des moustiques culicidés de la famille des Anophélinés. Les anophèles femelles se reconnaissent à leur position de repos oblique par rapport au support sur lequel ils sont posés et à leurs appendices céphaliques. Leur reproduction exige du sang, de l'eau et de la chaleur. La femelle fécondée ne peut pondre qu'après un repas sanguin, pris sur l'homme ou sur l'animal. Les gîtes de ponte varient selon l'espèce anophélienne : collections d'eau permanentes ou temporaires (persistant au moins dix jours consécutifs), claires ou polluées, douces ou saumâtres, ensoleillées ou ombragées. Dans l'eau, les œufs se transforment en larves puis en nymphes, dont naîtra une nouvelle génération d'adultes (fig. 2 ci dessous). Chaleur et humidité conditionnent également l'activité génitale des femelles : en zone tempérée, les anophèles ne pondent qu'à la belle saison ; en zone équatoriale leur activité est permanente ; en zone tropicale la saison sèche limite la prolifération par réduction du nombre de gîtes. Les femelles vivent environ un mois. Elles piquent surtout au crépuscule ou durant la nuit. La plupart des anophèles ne s'éloignent guère de leur lieu de naissance ; ils sont parfois entraînés à de grande distance par les automobiles, les avions et à un moindre degré par les vents car les anophèles présentent une certaine fragilité (Gentilini, 1990). L'anophèle se dirige plus volontiers vers les lieux où la concentration en dioxyde de carbone est la plus importante, c'est-à-dire à l'intérieur des habitations ou à proximité des humains même à l'extérieur de leurs habitations.

Le cycle de développement du Plasmodium comprend une phase de multiplication asexuée qui se déroule chez l'Homme, et une phase de multiplication sexuée qui se déroule chez le moustique (Anophèle).

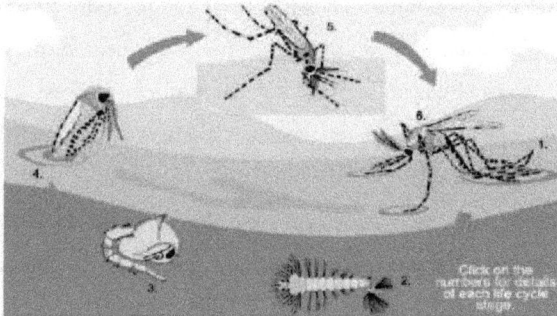

Figure 2: Cycle de reproduction de l'Anophèle (http://www.wellcome.ac.uk, consulté le 14/7/ 2005)

Au cours de son repas sanguin, le moustique infecté injecte, avec sa salive, à l'Homme des centaines de sporozoïtes fusiformes qui ne restent dans la circulation sanguine qu'une demi-heure. Ils gagnent rapidement le foie (où s'effectue le cycle exo-érythrocytaire primaire), pénètrent dans les hépatocytes sous forme de cryptozoïtes. Ceux-ci grossissent puis de nombreux mérozoïtes libérés passent dans la circulation, amorçant les premières schizogonies sanguines. Dans le sang chaque mérozoïte pénètre dans une hématie et s'y transforme en trophozoïte. Il grossit, se transformant en schizonte, dégradant l'hémoglobine ce qui peut engendrer l'apparition de granulation de Schunffner. L'hématie finit par éclater et dans le sang s'amorce le cycle asexué ou schizogonique. Les gamétocytes mâle et femelle apparaissent au bout de quelques cycles mais c'est dans le moustique, après un repas sur un paludéen, que se poursuit le cycle (phase sexuée) avec formation de nouveaux sporozoïtes (fig. 3). La durée du cycle sporogonique varie de 10 à 40 jours selon la température et l'espèce plasmodiale [Landau et Bulard, 1978].

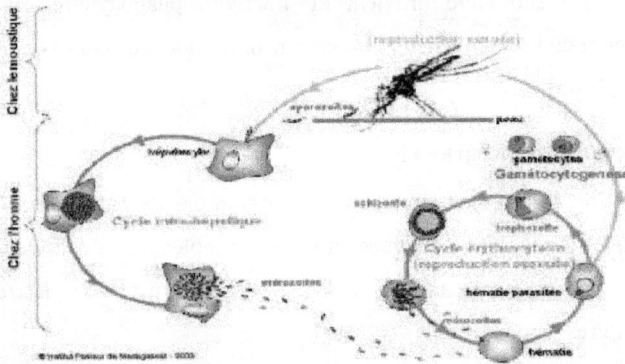

Figure 3: Cycle de développement du Plasmodium chez l'Homme (http://www.pasteur,05/10/2005)

3. Symptomatologie et physiopathologie

Le paludisme se traduit essentiellement par des crises c'est à dire par des accès fébriles violents et de courte durée se succédant en général selon un rythme régulier, s'accompagnant de myalgies, de céphalées, de douleurs abdominales, d'une augmentation de volume de la rate (splénomégalie) ainsi que d'une destruction intense des hématies (anémie). A cette phase (dite de primo-invasion) peut succéder une seconde phase dite d'accès palustre (successions de fièvre puis de chaleur et ensuite de sueurs).

3.1 Le paludisme simple

Le paludisme simple se définit par la présence d'une fièvre (température axillaire de 37,5°C ou plus, corps chaud ou antécédent de corps chaud) des douleurs musculaires, de l'anémie, tout cela sans aucun signe de gravité.

La fièvre est due à l'éclatement des corps en rosace (hématies parasitées) qui libèrent dans le torrent circulatoire du pigment malarique (hémozoïne) qui se comporte comme une substance pyrogène. L'anémie résulte de la lyse des hématies parasitées. La splénomégalie et l'hépatomégalie, habituelles au bout d'un certain temps, témoignent de l'hyperactivité et de la congestion de ces organes. Le sub-ictère provient de l'activité phagocytaire des cellules de Küppfer transformant l'hémoglobine en bilirubine qui colore les conjonctives [PNLP, 2005]

3.2 Le paludisme grave

Il se définit au Burkina Faso comme étant un cas de paludisme à *Plasmodium falciparum* avec l'un des signes suivants : troubles de la conscience, léthargie, convulsions répétées, anémie sévère (pâleur), prostration, ictère, difficultés respiratoires, choc…

Ses particularités symptomatiques sont dues à la multiplication de l'hématozoaire dans les capillaires viscéraux qui engendre une anoxie des tissus nobles, prédominant au niveau de l'encéphale, puis des reins, des poumons et du foie, par anémie hémolytique, trouble de la microcirculation et phénomènes cytotoxiques [PNLP, 2005].

4. Le diagnostic

Généralement le diagnostic du paludisme se fait sur la base d'un examen clinique ou parasitologique

Le diagnostic clinique repose sur des critères de zone (endémique ou non), de l'âge, de l'état physiologique, des antécédents sanitaires, de l'observation de certains organes.

Le diagnostic basé sur la mise en évidence des plasmodies dans le sang peut être fait par l'examen microscopique (sur un frottis sanguin mince ou par la méthode dite de la goutte épaisse) donnant une appréciation de la densité parasitaire en pourcentage d'érythrocytes parasités. Le diagnostic peut également être fait par capture immunologique d'antigènes parasitaires ou par la recherche du matériel génomique du *Plasmodium.*

5. Les Molécules antipaludiques

5.1 Cibles plasmodiales des antipaludiques

Le *Plasmodium* dispose pour son developpement intra-erythrocytaire d'un metabolisme et de moyens de défense spécifiques qui constituent autant de cibles pour les antipaludiques [Pradines et al., 2003]. On distingue :

-La vacuole nutritive du parasite qui est le siège de la digestion de l'hémoglobine, de la cristallisation de l'hème et où se trouve ses moyens de defense contre le stress oxydant.

-Un cytoplasme comportant le cytosol et deux organites essentiels (les mitochondries et l'apicoplaste) nécéssaires à la biosynthèse des acides nucléiques.

-Une membrane cytoplasmique, constituée de phospholipides, de canneaux calciques et parasitophores, qui est le siège du trafic nutritionnel.

5.2 Les principaux antipaludiques

Les pincipaux antipaludiques actuels peuvent etre classés selon leur mode d'action en deux catégories:

5.2.1 Les Schizonticides électifs

Ce groupe comprend les dérivés quinoléiques et certains dérivés de l'Artémisinine (fig. 4 de la page suivante).

5.2.1.1 Les dérivés Quinoléiques

Ce sont les Amino-4-quinoléines (Chloroquine, Amodiaquine) et les Amino-alcools (Quinine, Mefloquine, halofantrine, Luméfantrine). Ces molecules interfèrent avec l'utilisation de l'hemoglobine dans la vacuole nutritive en inhibant la formation de l'hémozoïne.

La quinine, alcaloïde naturel du *quinquina*, est la plus ancienne des ces amino-alcools. Elle possède des propriétés intéressantes (pharmacologique, possibilité de l'administrer par voie intraveineuse) bien que les surdosages puissent entraîner des troubles.

Les amino-alcools de synthèse (méfloquine, halofantrine) présentent quelques difficultés d'utilisation (effets secondaires) [Pradines et al., 2003].

5.2.1.2 Les molécules dérivés de l'Artémisinine (Artésunate, Artemether)

Cette nouvelle classe d'antipaludiques de type peroxyde interfèrent aussi avec l'utilisation de l'hémoglobine, par libération de radicaux libres toxiques pour le parasite.

Certains dérivés de l'Artémisinine ont une activité gamétocytocide (qui stoppe la maturation des schizontes), ce qui est d'intérêt pour la réduction de la transmission et surtout dans la stratégie de lutte actuelle contre l'émergence des résistances.

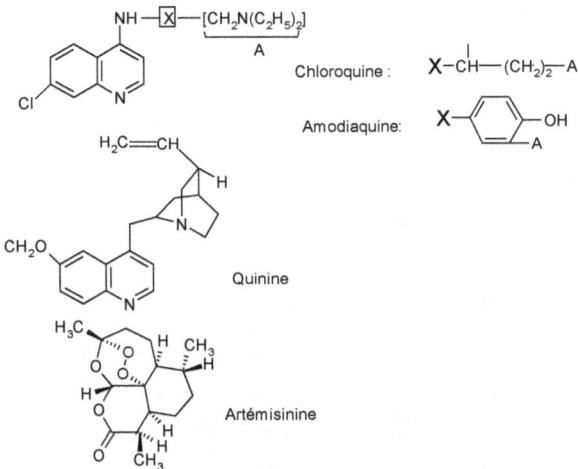

Figure 4: Structure de quelques molécules antipaludiques [Bryskier et Labro, 1988]

5.2.2 Les anti-métabolites

Ces molécules inhibent le métabolisme nucléotidique du parasite. Ce groupe comporte les antifolates, les naphtoquinones et les antibiotiques.

5.2.2.1 Les antifolates

Ce groupe comprend les antifoliques (Sulfones, Sulfamides) et les antifoliniques (diguanides, diamino-pyrimidines) qui agissent en perturbant le métabolisme de synthèse des folates (pourtant essentiels à la biosynthèse des acides nucléiques du parasite).

5.2.2.2 Les Naphtoquinones

l'Atovaquone est un inhibiteur puissant des fonctions mitochondriales en bloquant la chaine de transport des électrons au niveau d'une enzyme-clé, la dihydroorotate déshydrogénase (DHOdase).

5.2.2.3 Les antibiotiques

Les tétracyclines (doxycycline), les macrolides (érythromycine, azythromicycine, clindamycine) peuvent inhiber la synthèse protéique par inhibition de certaines fonctions de l'apicoplaste [Pradines et al., 2003].

5.3 Les associations d'antipaludiques.

Les nouveaux antimalariques qui ont fait l'objet de développements récents sont tous associés, en bithérapie au moins, et se démarquent de la plus ancienne des associations : la sulfadoxine-pyriméthamine [SP] (FANSIDAR ®) capable de sélectionner rapidement des mutants résistants. Certaines sont fixes : l'atovaquone-proguanil (MALARONE®), l'arthéméter-luméfantrine (COARTEM®, RIAMET®), chlorproguanil-dapsone (LAPDAP™), d'autres, libres, associant toujours un dérivé de l'artémisinine, vu la rapidité d'action et l'impact sur la transmission et l'absence de chimiorésistance de *Plasmodium falciparum* : artésunate-méfloquine, artésunate-amodiaquine, artésunate-SP [Gansané 2002]

En prophylaxie, les associations chloroquine-proguanil (SAVARINE®) et atovaquone-proquanil (MALARONE®) sont recommandées dans les zones de chloroquino-résistance [Pradines et al., 2003]

5.4 Traitement du paludisme au Burkina Faso

Un certain nombre de facteurs sont à prendre en compte lors du traitement du paludisme : l'espèce du parasite, la gravité de l'infection, l'âge de la personne atteinte, le profil de résistance aux médicaments antipaludéens dans la région d'infection.

Au Burkina Faso, des résultats d'études d'efficacité thérapeutique faites en 2003 ont indiqué des taux d'échecs thérapeutiques atteignant 63,23% pour la Chloroquine et 10% pour la Sulfadoxine-Pyriméthamine respectivement médicament de première et deuxième intention pour le traitement du paludisme simple. Cela a amené à un changement de protocole thérapeutique [PNLP, 2005].

Prise en charge curative

a) Pour le paludisme simple le médicament de première intention est la combinaison Arthéméter-Luméfantrine. Celui de deuxième intention est l'association Artésunate-Amodiaquine.

b) Le paludisme grave : le médicament de premier choix est la quinine (20mg/kg). Les dérivés de l'artémisinine sont utilisés en alternative à la quinine dans la prise en charge du paludisme grave.

c) Chez la femme enceinte la quinine est utilisée.

Prise en charge préventive

a) Pour la femme enceinte le traitement préventif intermittent (TPI) par Sulfadoxine-Pyriméthamine (SP) est utilisé.

b) Pour les sujets neufs (sujets provenant de zone non endémique) : proguanil+Chloroquine, à raison d'un comprimé par jour à commencer au moins une semaine avant son arrivée en zone d'endémie et poursuivre pendant quatre semaines après son retour.

5.5 La chimiorésistance et les nouvelles thérapeutiques

5.5.1 La chimiorésistance

Plusieurs hypothèses ont été formulées pour expliquer la chimiorésistance [Basco et al, 1994 ; Werndorpher et Payne, 1991] :

-La séquestration plus efficace de la ferriprotoporphyrine (FPX), récepteur de schizonticide comme la chloroquine (CQ) ; cela diminuerait la formation du complexe FP-CQ.

-La modification du gradient de pH par action de pompe à protons ou changement de perméabilité membranaire.

-Le Reflux des amino-4-quinoléines et amino-alcools.

5.5.2 Les nouvelles thérapeutiques

Les différents éléments des trophozoïtes de *Plasmodium falciparum* sont des cibles des nouvelles molécules en cours d'évaluation. Elles agissent :

-Au niveau de la vacuole digestive par inhibition des protéinases vacuolaires qui participent à la protéolyse de l'hémoglobine. De plus l'inhibition de la formation de l'hémozoïne (par exemple par le déplacement ou une modification de l'état du fer hémique du FPIX) par des chélateurs comme les bétalaïnes, empêchent la formation de l'hémozoïne ; or l'hématine peut entraîner la lyse du parasite (fig. 5 et annexe III)

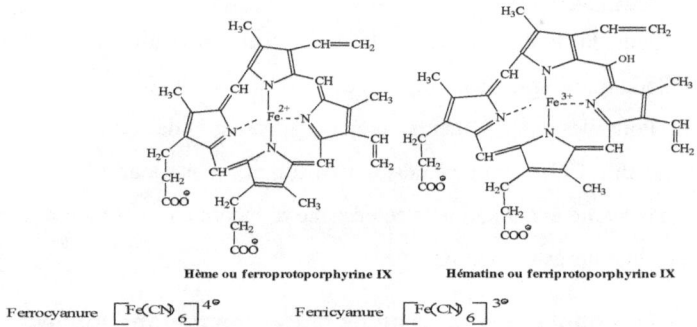

Hème ou ferroprotoporphyrine IX   Hématine ou ferriprotoporphyrine IX

Ferrocyanure $\left[Fe(CN)_6\right]^{4\ominus}$ Ferricyanure $\left[Fe(CN)_6\right]^{3\ominus}$

Figure 5: Structure de Ferro-protoporphines et dérivés

-Au niveau du cytosol par interaction avec le métabolisme du fer : des chélateurs du fer, comme la

Desferrioxamine, ont montré leur capacité de diminuer la croissance parasitaire ; la ribonucléotide réductase (RNRase), enzyme qui règle la synthèse d'ADN, pourrait être la cible de la desferrioxamine.

-Au niveau de la membrane plasmique parasitaire par blocage du transporteur de choline qui fournit au parasite un précurseur indispensable pour la synthèse de la phosphatidylcholine, principal constituant des membranes du *Plasmodium*. Ainsi les composés à ammonium quaternaire sont aussi envisagés pour le blocage du transport de ces lipides [Vial et al., 1996]. De même, la reversions de la chloroquino-résistance chez P*lasmodium falciparum* par des molécules de synthèse et gènes associés aux mécanismes de résistance (Pfcrt et Pfmdr1) a pour objectif de freiner la fuite de la chloroquine hors de l'hématie parasitée (inhibiteurs calciques Vérapamil-like) [Pradines et al., 2003]

-Au niveau de l'apicoplaste, certains antibiotiques pourraient être actifs : les fluoroquinolones, qui bloquent les topo-isomérases spécifiques et la Fosmidomycine, qui est un inhibiteur de la synthèse des isoprénoïdes.

5.6 Le traitement du paludisme par la médecine traditionnelle

Depuis des temps immémoriaux l'Homme a cherché dans le milieu environnant des remèdes pour soigner les maladies et calmer les douleurs. Ces connaissances accumulées et transmises de génération en génération, de bouche à oreille constituent l'ethno-pharmacognosie. La médecine traditionnelle est définie comme un ensemble comprenant diverses pratiques, approches, connaissances et croyances sanitaires intégrant des médicaments à base de plantes, d'animaux et/ou de minéraux, des traitements spirituels, des techniques manuelles et exercices, appliqués seuls ou en association afin de maintenir le bien-être et traiter, diagnostiquer ou prévenir une maladie [OMS ; 2000]. En Afrique, pour des raisons économiques essentiellement, plus de 70% de la population utilisent la médecine traditionnelle pour satisfaire ses besoins de santé [OMS, 2000]. Pour traiter le paludisme de nombreuses espèces végétales sont utilisées.

Au Burkina Faso, parmi les nombreuses espèces utilisées pour le traitement du paludisme [Sombié, 1994], endémique dans ce pays, quelques-unes ont fait l'objet d'études pharmacologiques qui ont parfois montré d'intéressantes activités antiplasmodiales [Coulibaly, 1996 ; Ouédraogo 1998 ; Guiguemdé, 2000]

Plus de 152 espèces végétales sont recensées dans le programme de collecte de NAPALERT (Collège de pharmacie, Université de l'Illinois, Chicago, USA) comme ayant des vertus antipaludéennes [Farnsworth et al., 1986].

Face à l'augmentation des chimiorésistances [Djiré, 1999 ; Somé, 2006], il y a actuellement des recherches de nouvelles substances naturelles surtout celles possédant des mécanismes d'action (cibles biochimiques) originaux. Ainsi des composés phénoliques de plantes ainsi que des extraits d'éponges marines ont montré des activités antiplasmodiales intéressantes.

6. Prévention du paludisme

Il n'existe pas à l'heure actuelle, de vaccin efficace contre le paludisme. Bien que les travaux se poursuivent dans les deux voies classiques, anti-sporozoïtes et anti-gamétocytes, rien de réellement nouveau n'est survenu depuis les essais très médiatisés mais hélas décevants chez l'homme du vaccin préventif Spf66 contre *P. falciparum* menés par M. Patarroyo. Les résultats de récentes expérimentations en diverses régions impaludées semblent être très controversés. Le niveau de protection varie de 25 à 40%. Un autre vaccin est en cours d'études aux USA (Walter Reed Army Institute of Research) et en Australie. Les recherches continuent dans le monde mais il faudra probablement attendre encore plusieurs années avant qu'un vaccin, totalement efficace contre le paludisme soit développé. Il faut savoir également que les vaccins ne protègent pas la population à 100%. C'est pourquoi la prophylaxie antipalustre repose sur une stratégie globale de lutte contre le vecteur et contre le parasite par la prise de médicaments.

6.1. Prophylaxie générale

Le but est de contrôler le paludisme sur un territoire. Plusieurs méthodes sont utilisées :

• **La lutte anti-vectorielle**

Le but est de limiter la population d'anophèle par des mesures d'assainissement telles que la suppression des eaux stagnantes grandes ou petites, luttes anti-larvaire par épandage de pétrole, utilisation d'insecticides solubles répandus à la surface des eaux stagnantes, ensemencement des eaux avec des prédateurs des anophèles (poissons, mollusques), utilisation d'insecticides rémanents dans les habitations, dispersion de mâles stériles, utilisation d'écrans biologiques (espèces animales détournant les anophèles de l'homme). Cependant, l'apparition de résistances rend ces mesures peu efficaces. D'autre part, ces mesures ne sont efficaces que si le territoire est limité.

• La lutte antiplasmodiale chez le sujet porteur

Le diagnostic et le traitement de masse de sujets porteurs est impossible et même nuisible : le traitement inconsidéré des porteurs en équilibre avec leur paludisme risque de diminuer leur immunité et d'en faire ensuite la cible d'une souche plus virulente et d'accentuer les chimiorésistances. La découverte d'un vaccin efficace contre la maladie constituera un moyen efficace de prévention.

6.2. Prophylaxie individuelle

Elle concerne essentiellement les mesures de protection contre les moustiques. L'anophèle femelle, vecteur de la maladie pique entre le coucher du soleil et le lever. Toutefois, le risque est maximum au crépuscule. Il convient donc de concentrer les efforts pour réduire le risque de piqûre à cette période de la journée par le port de vêtements clairs, amples et couvrants, par la mise en place des moyens mécaniques de protection des ouvertures (grillages fins), et individuels pour la nuit (moustiquaire imprégnée d'insecticides), par l'utilisation d'insecticides sous toutes formes, le soir dans le lieu de sommeil (diffuseur électrique avec tablette, flacons de liquide ou spray insecticides).

7. Paludisme murin à *Plasmodium berghei*

Plasmodium berghei est le premier Plasmodium murin à avoir été isolé, en 1948 par Vaincre et Lips. C'est un parasite ayant une prédilection caractéristique pour les réticulocytes. Les cycles de développement de toutes les plasmodies murines sont semblables. L'infection commence par l'injection de sporozoïtes contenues dans les glandes salivaires d'un moustique infecté. La schizogonie exo-érythrocytaire se déroule dans les hépatocytes. Il y a une seule phase de schizogonie exo-érythrocytaire qui se déroule en 48-60 heures : le sporozoïte s'arrondit et se transforme en trophozoïte. Le trophozoïte se divise, et forme un schizonte. A maturité le schizonte éclate, libère des mérozoïtes qui pénètrent dans les globules rouges où ils se transforment en une forme en anneau, le trophozoïte. Le trophozoïte donne le schizonte qui après 24 heures, produit 6 à 18 mérozoïtes. Ces mérozoïtes pénètrent dans d'autres globules rouges. Et l'infection continue avec une périodicité de 24 heures. Apres plusieurs cycles schizogoniques, des gamétocytes sont formés. Ces gamétocytes infectent, lors de la piqûre, un moustique du genre anophèle chez lequel se déroule le cycle sporogonique. Les sporozoïtes apparaissent dans les glandes salivaires après 10 à 12 jours à 24-26° C. Ce cycle de développement des *Plasmodium* murins est semblable à celui des *Plasmodium* humains.

CONCLUSION PARTIELLE SUR LE PALUDISME

Les données précédentes montrent que le paludisme constitue un facteur limitant pour le développement des pays tropicaux en général et du Burkina Faso en particulier. Si la protection contre les moustiques-vecteurs est à encourager, il demeure aussi que seules des moyens thérapeutiques originaux et sûrs pourraient permettre de limiter ce fléau. Dans ce cadre les études pharmacognosiques sur les espèces médicinales des régions endémiques, comme le plateau central du Burkina Faso, pourrait constituer une piste.

CHAPITRE 2 : LES PATHOLOGIES DE STRESS OXYDANT

1. Stress oxydant

1.1 Les radicaux libres en biologie

1.1.1 Définition des radicaux libres

Un radical libre est un atome ou une molécule, neutre ou ionisé, comportant au moins un électron célibataire dans une orbite externe. Les radicaux libres sont caractérisés par une grande réactivité chimique et une courte durée de vie; ils réagissent avec les premières molécules qu'ils rencontrent et particulièrement les lipides, les acides nucléiques, les acides aminés et des protéines. Aussi sont-ils capables d'endommager la structure cellulaire et surtout les gènes (ADN). Les radicaux dits primaires dérivent de l'oxygène par des réductions à un électron (anion superoxyde $O_2^{\bullet-}$ et radical $OH^{\bullet}$) ou de l'azote (monoxyde d'azote $NO^{\bullet}$). D'autres espèces dérivées de l'oxygène, comme l'oxygène singulet ($^1O_2$), le peroxyde d'hydrogène (H_2O_2) ou le nitropéroxyde (ONOOH) ne sont pas des radicaux libres mais sont aussi réactives et peuvent être des précurseurs de radicaux (fig. 6 ci-dessous). La faible toxicité de certains de ces radicaux permet leur utilisation comme médiateurs cellulaires

Les radicaux dits secondaires se forment par réaction des radicaux primaires les plus réactifs (OH; ROO°) sur des composés biochimiques des cellules (ADN, Lipides, glucide, protéines) ou des solutions biologiques. L'ensemble des radicaux libres et de leurs précurseurs est souvent appelé espèces réactives de l'oxygène.

Les radicaux libres de l'oxygène ou de l'azote, même réactifs ne sont pas uniquement toxiques ; au contraire divers mécanismes physiologiques les utilisent (macrophages et polynucléaires) afin de détruire les bactéries ou pour réguler les fonctions létales telle la mort programmée ou apoptose.

La formation des radicaux libres s'effectue au niveau de divers organites cellulaires : mitochondries, microsomes, cytosol. Chez les organismes (êtres) aérobiques, l'oxygène atmosphérique sert comme oxydant terminal aussi bien pour la respiration (production d'ATP) que pour beaucoup d'autres systèmes biologiques d'oxydoréduction.

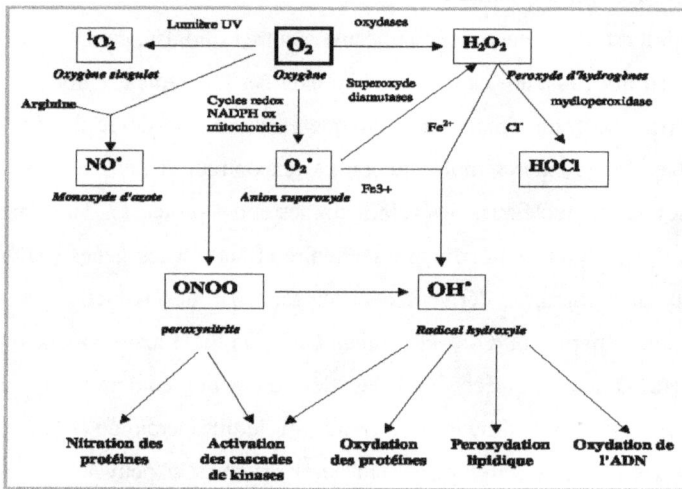

Figure 6: Origine des différents radicaux libres impliqués en biologie [Favier, 2003]

1.1.2 L'origine du stress oxydant

Dans les circonstances quotidiennes normales, des radicaux libres sont produits en permanence, en faible quantité, comme des médiateurs cellulaires ou des résidus des réactions énergétiques (production d'ATP) ou de défense. Cette production physiologique est parfaitement maîtrisée par des systèmes de régulation, par ailleurs adaptatifs par rapport au niveau de radicaux présents. Dans les circonstances normales la balance antioxydant/pro-oxydant est en équilibre. Si tel n'est pas le cas, que ce soit par déficit en antioxydants ou par suite d'une surproduction des radicaux, l'excès de ces radicaux entraîne un ''stress oxydant''.

Cette rupture d'équilibre, lourde de conséquences peut avoir de multiples origines. L'organisme peut avoir à faire face à une production trop forte pour être maîtrisée, qui sera observée dans les intoxications aux métaux lourds, dans l'irradiation, dans les ischémies, la consommation de polluants (air, eau, aliments), les infections microbiennes, le froid, la chaleur. La rupture d'équilibre peut aussi provenir d'une défaillance nutritionnelle ou de la carence en un ou plusieurs des antioxydants apportés par la nutrition comme les vitamines, les oligo-éléments. Enfin la mauvaise adaptation peut résulter d'anomalies génétiques responsables d'un mauvais codage de protéines soit enzymatiques antioxydantes ou intervenant dans la synthèse de peptides antioxydantes, soit régénérant un antioxydant.

1.2 Les conséquences du Stress oxydant

La production de radicaux libres provoque des lésions directes de molécules biologiques (oxydation de l'ADN, des protéines, des lipides et glucides) mais aussi des lésions secondaires dus aux caractères cytotoxique et mutagène des métabolites libérés notamment lors de l'oxydation des lipides (fig. 7).

1.2.1 Effets sur les macromolécules

Sur le plan biochimique :

• La peroxydation des acides gras poly-insaturés (par réactions radicalaires due au radical hydroxyle) entraîne des conséquences négatives diverses. L'attaque de lipides circulants aboutit à la formation de LDL oxydés qui captés par des macrophages formeront le dépôt lipidique de plaques d'athérome rencontrées lors des maladies cardiovasculaires. L'oxydation des phospholipides membranaires entraîne la modification de la fluidité membranaire et perturbe le fonctionnement de nombreux récepteurs et transporteurs et donc la transduction des signaux. L'oxydation de l'acide arachidonique (fig. 7 ci-dessous) produit des composés pro-inflammatoires (prostaglandines).

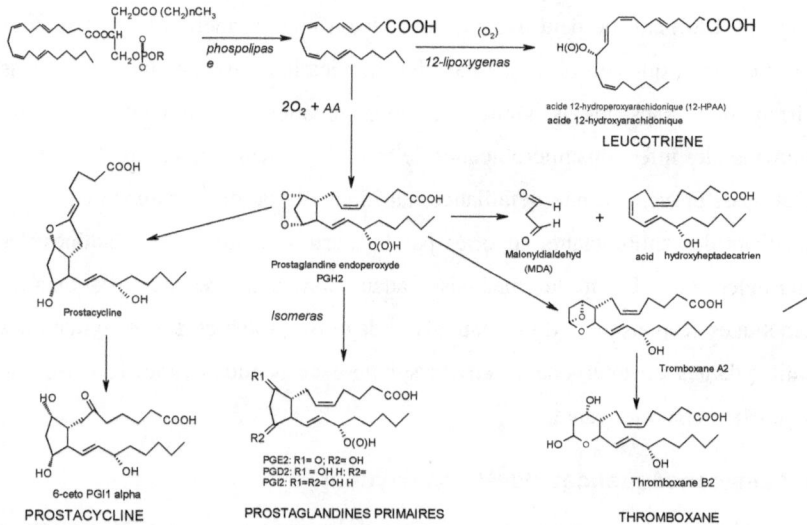

Figure 7 : Mécanisme en de la peroxydation de l'acide arachidonique [Favier, 2003]

• L'ADN est une molécule sensible aux attaques des radicaux libres (figure 8) En effet en cas de stress excessif (oxydation des bases, cassures de brins, adduits intra-caténaires), les lésions non réparées aboutissent à l'apoptose et à des mutations. Cela peut entraîner des processus cancérigènes. Ainsi les agents cancérigènes sont tous des générateurs de radicaux libres (radiation ionisantes et UV, fumée, alcool, fibres d'amiantes, métaux cancérigènes, hydrocarbure polycycliques).

•Les polysaccharides (par exemple les protéoglycanes du cartilage) de même que le glucose peuvent être attaqués par les espèces réactives de l'oxygène, surtout en présence de métaux, libérant des espèces très toxiques. Ce processus est très fréquent chez les diabétiques et contribue à la fragilisation de leurs parois vasculaires et rétine.

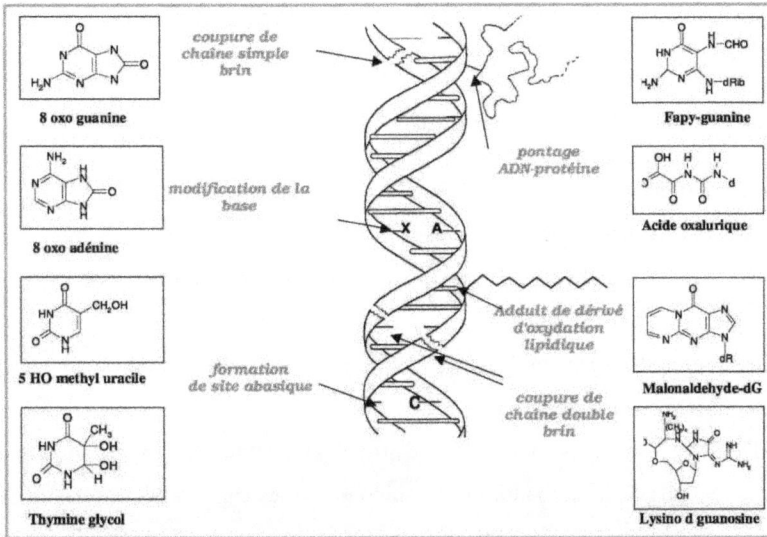

Figure 8: Lésions de l'ADN provoquées par attaque radicalaire [Favier, 2003].

•Les protéines les plus sensibles aux attaques radicalaires sont surtout celles comportant un groupement SH.

Sur le plan biologique les métabolites libérés par l'oxydation des bio-macromolécules augmente la prolifération cellulaire, l'expression de protéines d'adhésion (ICAM), l'apoptose, des nécroses et même des lyses cellulaires. Ces effets peuvent même conduire aux mutations, carcinogenèse, malformation fœtale, fibrose, formation d'auto-anticorps ou d'immunosuppression.

1.2.2 Pathologies de stress oxydatif

Les maladies induites par le stress oxydant apparaissent surtout avec l'âge car le vieillissement diminue les défenses antioxydantes et augmente la production mitochondriale de radicaux libres. Cela peut être une des causes de plusieurs maladies : cancers, cataracte, vieillissement accéléré. Cela peut aussi constituer un facteur potentialisant l'apparition de maladies poly-factorielles telles que le diabète, la maladie d'Alzheimer, les rhumatismes, les maladies cardiovasculaires. Ainsi il est nécessaire de chercher à prévenir une telle situation.

1.3 lutte contre le stress oxydatif

1.3.1 Le contrôle (biochimique) cellulaire des radicaux libres

Les cellules utilisent de nombreuses stratégies antioxydantes (figure 9 ci dessous) et consomment beaucoup d'énergie pour contrôler leur niveau d'espèces réactives de l'oxygène.

La première stratégie utilise des molécules non enzymatiques exogènes (alimentaires) ou endogènes.

Ainsi certains composés antioxydants d'origine alimentaire comme les vitamines E (Tocophérol), C (ascorbate), Q (ubiquinone) ou les caroténoïdes apportés par les aliments agissent en piégeant les radicaux et en captant l'électron célibataire, les transformant en espèces stables. La vitamine piégeuse va devenir un radical qui sera soit réduit, soit régénéré par un autre système. Ainsi la vitamine E est régénérée par la vitamine C qui est elle même régénérée après par des enzymes (Ascorbate réductases) [Favier, 2003]. Ce type d'antioxydant est appelé piégeur ou éboueur (scavenger, en Anglais). De très nombreux composés alimentaires d'origine végétale possèdent également cette propriété : polyphénols, phytates, bétalaïnes.

Certains de ces composés peuvent aussi prévenir la surproduction de radicaux libres en inactivant les cations métalliques (Cu^{2+}, Fe^{2+}) pro-oxydants, par chélation. C'est le cas surtout des bétalaïnes.

D'autres types de composés, endogènes synthétisés par les cellules, interviennent également dans cette fonction. Le plus connu est le glutathion, même si d'autres jouent également des rôles importants mais pas encore bien déterminés ; Thiorédoxines, Glutarédoxines, polyamines, acide lipoïque.

De nombreux composés biologiques réagissant (en le piégeant) avec le radical hydroxyle (radical primaire le plus réactif), il est convenu de réserver le terme "antioxydant" à des composés dont la teneur dans les tissus diminue lors d'un stress oxydant et qui ne donnent pas de dérivés toxiques.

L'autre stratégie utilisée est de nature enzymatique, et vise à détruire les peroxydes et superoxydes qui résultent de l'oxydation par des radicaux primaires.

Ainsi les **superoxydes dismutases** (à cofacteur métallique Cu, Mn, ou Zn selon les tissus), sont capables d'éliminer l'anion superoxyde.

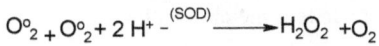

$$O^\circ_2 + O^\circ_2 + 2\,H^+ \xrightarrow{\text{(SOD)}} H_2O_2 + O_2$$

Les catalases (à cofacteur Fe) réduisent le peroxyde d'hydrogène

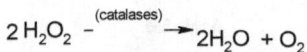

$$2\,H_2O_2 \xrightarrow{\text{(catalases)}} 2H_2O + O_2$$

Quant aux **Glutathion-peroxydasses** (à cofacteur Sélénium), elles constituent le principal système de protection car elles détruisent non seulement H_2O_2 mais aussi les peroxydes organiques formés par oxydation des acides gras.

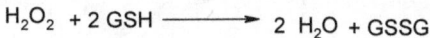

$$H_2O_2 + 2\,GSH \longrightarrow 2\,H_2O + GSSG$$

$$ROOH + 2\,GSH \longrightarrow GSSG + ROH + 2H_2O$$

Le maintien de l'activité de la glutathion-peroxydase nécessite la régénération du glutathion réduit GSH ; cela est assuré par la glutathion réductase à partir du NADPH réduit, lequel est régénéré par la voie des pentoses.

$$GSSG + NADPH + H^+ \longrightarrow 2GSH + NADP^+$$

En situation de stress oxydatif, l'excès d'espèces oxygénés réactives entraîne un surpassement des capacités régénératrices de la Glutathion réductase. Dans ce cas les voies métaboliques de l'acide arachidonique sont activées et favorisent ainsi la synthèse de prostaglandines inflammatoires. Des études ont montré que les anti-inflammatoires non stéroïdiens comme les salicylates pourraient agir en désactivant ces composés pro-oxydants.

1-3-2 la prévention nutritionnelle

Des études ont montré que la consommation de produits d'origine végétale (Fruits, légumes et phyto-médicaments) est corrélée à une faible incidence de maladies de stress oxydant tels que les cancers, les maladies cardio-vasculaires [Kahkonen et al., 1999 ; Vinson et al., 1998]. Cet effet protecteur prophylactique serait lié aux activités d'antioxydants de certaines des métabolites secondaires (Vitamines, phénoliques, caroténoïdes, bétalaïne, composés indoliques, oligo-éléments) contenus dans ces plantes. Pour les malades sous chimiothérapie de tels composés peuvent aussi aider à lutter contre la toxicité des médicaments souvent générateurs de radicaux oxygénés lors de leur métabolisation.

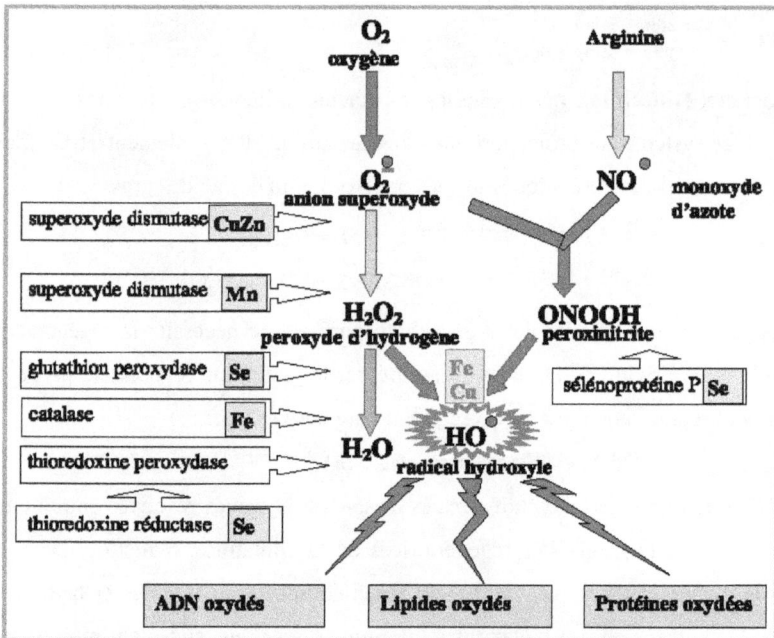

Figure 9: Mode d'action des principaux systèmes enzymatiques antioxydants [Favier, 2003].

1-3-2-1 Antioxydants naturels et antioxydant de synthèse.

Récemment on s'est rendu compte que de nombreux médicaments comme les fluidifiants bronchiques et certains anti-inflammatoires ou antihypertenseurs agissaient essentiellement par leurs activités antioxydantes.

Les chélateurs de métaux sont recherchés pour leur activité de terminaison des réactions radicalaires. La desferrioxamine, un sidérophore naturel extrait de bactérie (*Nocardia*) reste le principal, car les molécules de synthèse sont parfois toxiques.

Les principes végétaux sont nombreux à être utilisés dans le domaine des suppléments et les produits cosmétologiques antivieillissement.

Pour les plantes de l'ordre des Caryophyllales le rôle principal de protection contre les stress oxydants est joué par les bétalaïnes, substances phénoliques azotées douées d'importantes propriétés d'antioxydants et de chélation de Cu et Fe [Zakharova et Petrova, 1998 ; Kanner et al., 2001 ; Butera et al., 2002]. De telles molécules sont ainsi aujourd'hui envisagées pour remplacer les antioxydants synthétiques pharmaceutiques ou alimentaires dont certains (BHT, BHA) sont reconnus comme assez toxiques [Cheftel et al., 1977, Kanner et al., 2001].

1-3-2-2. Aliments fonctionnels et nutraceutiques

«Que votre alimentation soit votre médecine et que la médecine vous alimente».- Hippocrate, (400 avant J.-C.)

Les consommateurs comprennent de mieux en mieux les liens entre le régime alimentaire et les maladies. La population vieillit, les coûts liés aux soins de santé augmentent. Depuis quelques années, les chercheurs en pharmacologie, en diététique et en agroalimentaire ont commencé à s'intéresser aux nutraceutiques et aux aliments fonctionnels qui sont des éléments alimentaires dont on a démontré les avantages physiologiques ou qui réduisent les risques de maladies chroniques, au-delà de leurs simples fonctions nutritionnelles de base.

Selon la définition officielle de Santé Canada (organisme coordonnant tous les aspects liés à la santé au Canada), les aliments fonctionnels sont des aliments conventionnels dont on a démontré les avantages physiologiques, les bienfaits sur la santé ou qui réduisent le risque de maladies chroniques.

Un nutraceutique est de la nourriture ou une partie d'un aliment que l'on retrouve dans les fruits, les légumes et les grains entiers qui procure des bienfaits médicinaux vu la présence de phytochimiques (bêta-carotène, ail, bétalaïnes, flavonoïdes, acides phénols, lycopène, limonène..). La plupart des nutraceutiques régularisent la chimie cellulaire, en agissant comme antioxydants.

L'excès du taux de cholestérol, les maladies cardiovasculaires, l'ostéoporose, l'hypertension artérielle, le diabète, les troubles gastro-intestinaux, la ménopause et l'intolérance au lactose constituent les cibles principales des nutraceutiques.

Le terme nutraceutique a été créé par "The Fondation for Innovation of Medecine " en 1989. Il est composé du préfixe "nutra " qui fait référence à la nutrition et du suffixe "ceutique " qui signifie soins. Quant au terme ''alicament'', c'est une fusion des mots aliment et médicament, mais il est plutôt utilisé en Europe.

Ainsi le concept de nutraceutique introduit l'idée de "se soigner grâce à la nutrition ". Les nutraceutiques sont donc des substances qui possèdent des propriétés bénéfiques pour la santé. Sous forme d'aliments on les appelle aliments fonctionnels tandis que sous forme de poudre ou de capsules, ce sont des substances nutraceutiques.

1.3.3 Les méthodes d'évaluation de capacité antiradicalaire

Différentes méthodes ont été élaborées afin de pouvoir évaluer l'état de stress oxydant des milieux internes des organismes vivants pour diagnostiquer des maladies comme les hypercholestérolémies. Ces méthodes sont aussi utilisées pour la détection de substances naturelles à potentialité antioxydante.

La méthode d'évaluation par décoloration *in vitro* basée sur la disparition (par réduction) des radicaux ABTS•+ est de plus en plus utilisée, surtout dans l'étude des bétalaïnes. En effet, ces radicaux présentent une importante zone d'absorption à 414nm, zone où les bétacyanines ne présentent aucune absorption. De même la plupart des phénoliques montrent leur maximum d'absorption à des longueurs d'onde situées entre 240 et 330 nm. Il n'y a donc pas beaucoup d'interférence entre ABTS•+ et les composés phénoliques *sensu stricto* ou les bétalaïnes pour l'absorption.

Dans la méthode d'évaluation par les radicaux de DPPH (absorption à 517-520 nm) il pourrait avoir interférence avec l'absorption due aux bétacyanines (λmax. à 536-540 nm).

En plus de cet avantage spectral, les radicaux ABTS•+présentent une solubilité aussi bien dans les milieux organiques lipophiles que ceux aqueux, et une bonne stabilité dans la zone de pH5 -pH7.

La production enzymatique de radicaux (à partir de l'ABTS) dure peu de temps (stabilisation d'absorption à 414 nm due à l'épuisement du H_2O_2), et ils sont stables pour plusieurs heures. En général, au bout d'une trentaine de minutes le maximum de réduction (des radicaux ABTS•+ en ABTS+) par les extraits à activité antiradicalaire est atteint.

Ce test permet de mesurer la capacité d'un produit à réagir (en les réduisant en espèces non toxiques) avec les composés radicalaires libres de l'organisme en espèces non toxiques. En effet ABTS•+ est un radical libre très réactif ayant les mêmes propriétés que les radicaux organiques [Cai et Corke, 2003].

2. Réponse cellulaire au stress : la réaction inflammatoire

Les cellules vivantes réagissent aux stress oxydant d'origine biotique (infection) ou abiotique par des réactions de types inflammatoires. Les produits d'oxydation des lipides perturbent l'homéostasie du cholestérol dans les cellules vasculaires (endothéliales). Ce dysfonctionnement produit des médiateurs pro-oxydants (superoxydes, prostaglandines, cytokines, NO). Ces observations ont amené à admettre que les composés antioxydants puissent avoir des effets sur des maladies parasitaires. Des travaux sur le neuropaludisme et la leishmaniose ont renforcé cette nouvelle voie thérapeutique. [Pino et al., 2004].

2.1 La réaction inflammatoire

C'est un moyen de défense de l'organisme vivant contre les agressions diverses : biotiques (microbes, virus) mécaniques (piqûres, irradiation), chimique (endotoxine). Elle consiste en des phénomènes en cascade à la fois cellulaire, vasculaire et humoral. Les inflammations primaires ou aiguës ont une cause immédiate et localisée alors que celles secondaires (ou chroniques) sont des réactions systémiques qui se développent à distance ; elles impliquent parfois une réaction immunitaire.

L'inflammation s'accompagne de rougeur (vasodilatation), d'œdèmes (augmentation de la perméabilité membranaire capillaire), de douleur (présence de substance phlogogène), de fièvre (médiateurs hypermittants).

2.2 Stress oxydant et Paludisme

Des travaux [Guha et al., 2006] ont montré que l'infection malariale produit un stress oxydant dans le foie, entraînant un déclin de la teneur en GSH (glutathion peroxydase) et un accroissement de la teneur en lipides et protéines oxydées. Il a été alors trouvé une bonne corrélation (à $p < 0,001$) entre la parasitémie et le déclin de la teneur en GSH tout comme il ressort que l'oxydation des biomolécules croit linéairement avec la parasitémie. De plus il ressort que l'infection malariale induit une apoptose importante dans le foie, ce qui n'est qu'une des conséquences de la réaction inflammatoire qui touche alors tout l'organisme (surtout hématies et neurones) [Guha et al., 2006].

De telles données montrent qu'une thérapie combinée consistant en Antioxydant et médicament antipaludique pourrait être efficace contre le paludisme, ne serait ce qu'en protégeant le foie contre la nécrose hépatique.

2.3 Le Mécanisme de l'inflammation

Les mécanismes de l'inflammation peuvent être groupés selon la séquence et les manifestations cellulaires et tissulaires successives suivantes :

•Vasodilatation, modification du débit sanguin et de la paroi interne des vaisseaux avec une adhésivité plaquettaire et leucocytaire ;

•Augmentation de la perméabilité vasculaire avec exsudation plasmatique et diapédèse leucocytaire ;

•Recrutement, différenciation et prolifération cellulaires ;

•Activation de cellules spécifiques d'organes par des cytokines et libération d'enzymes protéolytiques avec destruction de la matière intercellulaire.

Les manifestations cellulaires et tissulaires aboutissent à la libération de médiateurs chimiques qui vont stimuler la production des éicosanoïdes (fig. 7) dont certains sont fortement impliqués dans la douleur et dans la fièvre au cours du processus inflammatoire [Benante-Garcia et al., 1997]. Les éicosanoïdes résultent de l'oxydation des acides gras (acide arachidonique) par un ensemble de réactions dites cascade de l'acide arachidonique, et qui impliquent de nombreux enzymes parmi lesquelles on trouve la phospholipase A2, la lypo-oxygénasse et la cyclo-oxygénase. Ces réactions produisent quatre principaux groupes de prostaglandines, composés actifs (figure 7 :

Les leucotriènes qui activent les cellules immunitaires et provoquent certaines pathologies inflammatoires (allergies, asthme).

Les prostacyclines (comme la PGI2) agissent sur les cellules endothéliales (vasodilatation).

Les tromboxanes (comme la tromboxane TX A2) vasoconstrictrices et activant l'agrégation plaquettaire.

Les prostaglandines (comme la PGE2), principaux composés inflammatoires provoquent la vasoconstriction, la broncho-dilatation, et la vasodilatation.

2.4 Les traitements de l'inflammation

Les médicaments anti-inflammatoires s'opposent aux effets de l'histamine et des prostaglandines, par action protéasique contre l'activation d'enzymes protéolytiques ou par effet sur la répartition intra et extracellulaire des ions.

Les anti-inflammatoires appartiennent à des familles de médicaments différents :

• Les anti-inflammatoires non stéroïdiens forment un groupe de composés à structures chimiques hétérogène mais dont la caractéristique commune est que ce sont des acides faibles capables d'inhiber la synthèse des prostaglandines. Ces composés possèdent des propriétés anti-inflammatoires, antalgiques et antipyrétiques. C'est le cas des salicylates (Aspirine, acétylsalicylates de lysine), des propioniques (Ibuprofène), des fénamates (acide niflumique ou Nifluril), des arylacétates ou phényl-acétates (Diclofenac ou Voltarène), des indoles (comme l'Indométacine), des oxicams ou carboxyamidés, des Pyrazolés.

• Les anti-inflammatoires stéroïdiens ou glucocorticoïdes sont des dérivés de synthèse des hormones stéroïdes de la corticosurrénale. Ils agissent sur de nombreux métabolismes et contrecarrent les processus inflammatoires, inhibent la réaction du tissu mésenchymateux, empêchent l'activation de la phospholipase A2 qui libère l'acide arachidonique des phospholipides membranaires.

• Certains antipaludiques : les lysosomes qui d'une part auto-entretiennent l'inflammation sont d'autre part considérés comme les sites primaires d'activité de certains antipaludiques. De tels composés (amino-quinoléines) ont donc une action anti-inflammatoire des amino-quinoléines. De plus la chloroquine agirait également contre la synthèse des prostaglandines (par inhibition de la phospholipase A2) [Pino et al., 2004]. Il est aussi important de noter que les anti-inflammatoires de synthèse présentent des effets secondaires parfois importants. Il y a donc nécessité de recherche de nouvelles molécules à partir des substances naturelles [Benavente-Garcia, 1997].

2.5 Douleur et fièvre

Le paludisme tout comme les autres pathologies de stress oxydant se caractérisent par des douleurs et des fièvres qui sont les conséquences des réactions inflammatoires.

2.5.1 La douleur

Il existe plusieurs types de douleurs et à chaque mécanisme de la douleur correspondent des stratégies thérapeutiques différentes :

Les douleurs nociceptives ont une cause (infection, inflammation) que l'on doit traiter. Si ce traitement n'est pas suffisant on recourt aux antalgiques.

Les douleurs neurogènes sont dues à une lésion nerveuse et répondent mal aux antalgiques classiques.

Il existe de nombreux médicaments qui agissent sur le centre thalamique de la douleur, en atténuant ou en supprimant la sensation douloureuse, sans en faire disparaître la cause. Les analgésiques sont donc des médicaments symptomatiques. On distingue des analgésiques morphiniques à action centrale (corticale) et les analgésiques non morphiniques (à action périphérique).

2.5.2 La fièvre

La fièvre résulte d'une élévation de la température corporelle au-dessus de la normale suite à une perturbation au niveau du centre thermorégulateur hypothalamique. Ce centre situé dans l'aire pré-optique et pourvu de cellules thermosensibles se comporte comme un thermostat normalement réglé à 37 °C et recevant par voie nerveuse ou sanguine des informations relatives aux variations de température du milieu ambiant ou du milieu intérieur. La fièvre observée est consécutive à un réglage transitoire du thermostat à 2-4 ° C au-dessus de la température normale. Dès lors l'organisme *via* l'hypothalamus va mettre en action tous ses systèmes effecteurs pour que sa température interne passe à 39-41°C.

Le dérèglement hypothalamique peut résulter de stress oxydant. Dans le cas du paludisme l'hémozoïne, polymère de l'hème (produit par la protéolyse de l'hémoglobine) semble impliquée dans la survenue de la fièvre.

Les substances antipyrétiques exercent leur action aux différents niveaux qui connectent l'inflammation périphérique avec la production de PGE_2 centrale (hypothalamus) pour interrompre la pyrogenèse. Les antipyrétiques comme les salicylates, le paracétamol et d'autres anti-inflammatoires non stéroïdiens réduisent la fièvre en inhibant la production et la libération des messagers inflammatoires.

CONCLUSION PARTIELLE.

Dans les pays développés, ''produit bio'' constitue sans doute le label le plus prisé de nos jours comme si consommer naturel était nouveau. La nature a donc eu raison des Hommes. Cela concerne aussi bien les produits strictement alimentaires que les substances médicamenteuses vu que certains produits médicamenteux de synthèse semblent plus sensibles aux capacités de résistances des germes et surtout présentent généralement des effets secondaires. L'étude pour valorisation, des métabolites secondaires contenus dans des espèces végétales médicinales couramment utilisées, s'avère ainsi être d'utilité pour nos populations.

CHAPTIRE 3 : DESCRIPTION DES DEUX PLANTES ÉTUDIÉES

1. L'ordre des Caryophyllales

1.1 Présentation systématique.

L'ordre des Caryophyllales (des mots grecs 'karyon' : noyau, et 'phullon' : feuille) a d'abord été décrit [Eichler, 1878] par son mode de placentation centrale d'où son second nom qui est celui des Centrospermales. Ce regroupement a été confirmé avec d'autres critères anatomiques, physiologiques, biochimiques, et surtout par des données de microscopie électronique et de chimie macromoléculaire [Clement et Mabry, 1996 ; Cuenou et al., 2002]. Le tableau 1(page suivante) et l'annexe IV donnent la classification actuellement acceptée pour cet ordre.

Les bétalaïnes remplacent les anthocyanes (retrouvés chez la plupart des plantes supérieures) dans treize des quinze familles de l'ordre des Caryophyllales comme l'indique le tableau 1. Seules deux familles de cet ordre (les Caryophyllaceae et Molluginaceae) produisent des anthocyanes. L'exclusion mutuelle entre ces deux types de pigments [Wyler et al., 1961 ; Clement et Mabry, 1996] constitue le critère chimio-taxonomique essentiel pour différencier les sous ordres des Chenopodiineae et celui des Caryophillineae (familles à anthocyanes). Les Chenopodiineae produisent diverses composés phénoliques mais il semble leur manquer l'enzyme d'une étape critique de la synthèse d'anthocyanes, à savoir la conversion de leuco-anthocyanidine en anthocyanidine [Mabry, 1980 ; Lee et Collins, 2001]. Les bétalaïnes tout comme les anthocyanes sont localisées dans les vacuoles cellulaires des plantes qui les produisent et toutes les deux présentent un large spectre de couleurs qui jouent un rôle dans l'attraction d'insectes, d'oiseaux et de mammifères, intervenant dans la pollinisation ou la dispersion des graines. [Mabry, 1980]).

Tableau 1: Classification des Caryophyllales [Clement et Mabry, 1996].

Sous ordre	Famille	Exemples de genre
CHENOPODIINEAE (taxons producteurs de Bétalaïnes)	Achatocarpaceae	*Achatocarpus*
	Aizoaceae	*Glinus, Trianthema Dorotheanthus Mesembryanthemum*
	Amaranthaceae	*Amaranthus, Celosia, Gomphrena, Achyrantes*
	Basellaceae	*Basella*
	Cactaceae	*Mammillaria, Opuntia, Schlumbergera*
	Chenopodiaceae	*Beta, Chenopodium, Salicornia, Spinacia*
	Didiereaceae	*Decaryia, Didierea*
	Halophytaceae	*Halophytum*
	Hectorellaceae	*Hectorella*
	Nyctagynaceae	*Bougainvillea ,Boerhaavia, Mirabilis*
	Phytolaccaceae	*Gisekia, Phytolacca*
	Portulacaceae	*Portulaca, Claytonia, Talinum*
	Stegnospermataceae	*Stegnosperma*
CARYOPHILLINEAE (Taxons, producteurs d'anthocyanes)	Caryophyllaceae	*Dianthus, Melandrium Silene,polycarpea*
	Molluginaceae	*Mollugo, Pharnaceum, Glinus*

De nombreuses hypothèses ont été formulées concernant la présence des bétalaïnes chez les Chenopodiineae. Pour certains auteurs [Ehrendorffer, 1976], un groupe ancestral de plantes aurait évolué dans certaines conditions environnementales (sécheresse) qui auraient induit une préférence pour l'anémophilie au détriment d'une entomophile, par perte de capacité d'attraction par la pigmentation. Il est remarquable à cet égard que la plupart des espèces productrices de bétalaïnes soient de type photosynthétique CAM (Crassulacean acid metabolism), et aptes à résister à la sécheresse ainsi qu'à la salinité. Subséquemment l'acquisition de pigment de type bétalaïnes aurait permis plus tard une nouvelle évolution vers la zoophilie.

De récentes études phylogénétiques [Cuenoud et al., 2002 et Annexe IV] ont montré que les Caryophyllaceae (qui produisent des anthocyanes au lieu des bétalaïnes) sont très proches des Amaranthaceae (qui elles produisent des bétalaïnes) caractérisées par des fleurs à peine visibles, et anémophiles. L'évolution vers de nouveau type, avec des fleurs très colorées (Portulacaceae, Cactaceae) à partir de types avec fleurs à peine visibles n'est pas sans cohérence. Les Amaranthaceae ont de petits sépales mais n'ont pas de pétales. Les Cactaceae ont des fleurs avec beaucoup de tépales larges et colorés ; les plus petites de ces dernières pouvant être considérées comme des sépales. Chez la plupart des Caryophyllales les fleurs ont de vrais sépales mais pas de vrais pétales. Dans le cas des quelques familles qui possèdent quelque chose ressemblant aux pétales (Portulacaceae et Nyctagynaceae), il est possible que chez elles les sépales aient subi une plus grande modification, et sont considérées comme des bractées.

L'annexe V donne des illustrations de quelques espèces.

1.2 Intérêt pharmacologique, nutritionnel et économique

A travers le monde il existe de nombreuses indications d'utilisation des espèces de l'ordre des Caryophyllales dans divers domaines.

Quantitativement, l'espèce la plus connue dans cet ordre demeure sans conteste la betterave rouge (*Beta vulgaris* spp.) cultivée dans de nombreuses régions et permettant la production de colorant (bétanine de code CEE E162) à grande valeur économique [Zryd et Christinet, 2003].

De même dans de nombreuses régions du monde, en horticulture, grâce à leurs bétalaïnes, différentes espèces de l'ordre des Caryophyllales sont utilisées : Bougainvillier, (Nyctagynaceae) , "belles de nuit" (*Mirabilis*, Nyctagynaceae) , "belle de jour" (*Portulaca*, Portulacaceae), Amaranthe globuleuse (*Gomphrena*), *Celosia, Beta , Phytolacca, Mesembryanthenum*, etc. Néanmoins c'est surtout pour les utilisations médicinales que ces espèces sont connues.

Depuis l'antiquité, Hippocrate, 400 ans avant Jésus-Christ (dans son traité " *Fistulae*") a évoqué l'utilisation de feuilles de betterave rouge comme bandages dans le traitement des fistules. Le jus rouge (bétalaïnes) des feuilles y était aussi indiqué pour le traitement des plaies [Wasserman et Guilfoy, 1983].

Plus tard dans le Talmud (livre sacré contenant les lois civiles et canoniques juives) les rabbins recommandent ceci "manger des betteraves rouges, boire et se baigner dans l'Euphrate est essentiel pour avoir une longue et saine vie" [Wasserman et Guilfoy 1983].

Aujourd'hui encore dans de nombreuses régions, des plantes à bétalaïnes figurent dans la pharmacopée : En Finlande, Hongrie, USA et Ex-Yougoslavie, la betterave rouge (*Beta vulgaris*) est l'une des principales plantes de pharmacopée prescrite pour la prévention et le traitement des cancers [Ferenczi 1959 ; Seeger, 1967, Arkko et al., 1980 ; Wasserman et Guilfoy, 1983 ; Chevalier 1996 ; Kappadia, 2003 ; Jayaprakasam, 2004]. Des résultats récents sont venus confirmer l'activité anti-tumorale, en montrant que la bétanine, principe colorant de ces plantes pouvaient prévenir et guérir divers cancers [Kappadia et al., 2003].

En Europe, de manière générale il est un adage qui dit que la betterave rouge est bonne pour le sang ou bien qu'elle aide à améliorer la circulation sanguine. Aussi bien les racines tubérisées que les feuilles de betterave sont recommandées comme tonifiant pour le cœur et le sang. La coloration rouge des betteraves semble avoir renforcé cette association (théorie des signatures) avec le sang [Wasserman et Guilfoy, 1983].

En Chine, les genres *Amaranthu*s et *Celosia* (très riches en bétalaïnes) interviennent dans diverses recettes de pharmacopée [Jing-shu, 1979 ; Stintzing et al., 2003 ;]. Dans de nombreuses régions du sud-est asiatique, les

Amaranthaceae les plus pigmentées (donc riches en bétalaïnes) sont beaucoup utilisées par les moines Bouddhistes et leurs disciples car réputées bonnes pour la croissance, la santé et la longévité [Sonika et al., 2005]. Cela pourrait s'expliquer par la richesse de ces espèces en Calcium, fer, vitamines (C, B, F), en bétalaïnes [Stintzing et al., 2003 ; Jayaprakasam, 2004] et surtout en protéines et acides aminés essentiels pour les végétariens et surtout les végétaliens, nombreux dans la région. Toujours dans la même région, les feuilles d'*Amaranthus* spp. sont utilisées comme anti-inflammatoires externes, comme diurétiques, et anti-cystiques [Jing-Shu, 1979]. En Turquie, la betterave rouge est utilisée comme antidiabétique [Jayaprakasam et al., 2005]. En Inde et au Népal les genres à bétalaïnes comme *Boerhaavia*, *Achyrantes* sont utilisés comme anti-inflammatoires (contre l'asthme, les bronchites, rhumatismes, maladies cutanées) [Kumar et Muler, 1999], et pour le traitement des maladies hépatiques [Rawat et al., 1997 ; Samy et al., 1999].

En Afrique, en Asie du sud-est, en Amérique central, aux Antilles, *Boerhaavia erecta* est utilisée pour soigner les infections bactériennes [samy et al., 1999] les plaies [Van Dunen, 1985, Hiruma-lima, 2000 ; Castro-Mendez, 2001], comme immunostimulant [Mungantiwar, 1999] et antidiabétique [Pari et al., 2004]

En Afrique du sud, au Sri Lanka, en Jordanie, beaucoup d'espèces à bétalaïnes comme *Portulaca* spp et *Amaranthus* spp. sont considérées comme abortives [Stenkamp, 2003].

Dans de nombreux pays d'Afrique occidentale (Niger, Nigeria), au Mozambique, au Pérou et au Guatemala, les *Amaranthus* ssp. sont utilisées comme aliments de croissance, de dentition, de convalescence [Irvine, 1948 ; Harouna et al., 1993]. Dans certains pays tropicaux (Nigeria, Cuba, Martinique, Panama) *Boerhaavia erecta* et *Amaranthus spinosus* sont utilisées pour soigner le paludisme, les fièvres [Samy et al., 1999 ; Srivastava, 1998 ; Berghofer et Schoenlechner, 2002 ;]

Les espèces de cet ordre sont aussi impliquées dans de nombreuses utilisations rituelles à travers le monde : En Amérique précolombienne les amérindiens utilisaient les bétalaïnes d'*Amaranthus* à la place du sang humain pour les rituels ; tout comme les chrétiens utilisent les anthocyanes du vin pour représenter le sang du Christ [Zryd et Christinet, 2003]. C'est la raison pour laquelle les Missionnaires et Conquistadors (colons espagnols) avaient jusqu'à récemment interdit la culture d'*Amaranthus* en Amérique centrale pour lutter contre le paganisme des amérindiens, bien que l'amarante soit aussi la source de céréales très nutritives [Teutonico et Knorr, 1985].

En Europe de l'Est la soupe rouge (bétalaïnes) de betterave est utilisée lors d'occasions spéciales (Noël, fête juive) [Zryd et Christinet, 2003]. L'amanite (*Amanita muscaria*, champignon à bétalaïnes) est utilisée par les shaman en Sibérie pour ses effets hallucinogènes [Wasson, 1979 ; Konig-Bersin et al., 1970 ; Krogsgaard-Larsen et al., 1981].

Ces nombreuses et diverses données de pharmacognosie montrent que les espèces à Caryophyllales sont largement utilisées de part le monde pour divers usages (thérapeutiques et/ou nutritionnelles) traditionnels. Certaines des propriétés de ces espèces pourraient être en rapport avec les métabolites secondaires caractéristiques de ces espèces que sont les bétalaïnes et dérivés (acides aminés et amines biogènes, bioactifs, précurseurs des bétalaïnes) [Jayaprakasam et al., 2004].

1.3 Chimie des Caryophyllales.

1.3.1 Généralités sur les métabolites secondaires.

Dans la coévolution des plantes avec leur environnement, celles ci ont été amenées à produire, en dehors des éléments vitaux (protéines, acides nucléiques, glucose) et de stockage/protection (amidon, pectines) d'autres métabolites dits secondaires.

Ce sont des substances synthétisées par les végétaux mais qui n'interviennent pas dans les grandes voies et cycles du métabolisme de base (qui concerne les glucides communs, acides aminés protidiques, lipides normaux à acides gras communs, acides nucléiques). Ces substances leur permettent de s'adapter c'est à dire de tirer le meilleur profit possible du milieu (meilleure reproduction, résistance aux agressions) [Roberts et Strack, 1990 ; Swain, 1977]. Ce sont essentiellement les terpènes, les phénoliques, les alcaloïdes, les porphyrines, etc. Leur étude est l'objet de la Chimie des substances naturelles.

L'utilité première de synthèse des métabolites secondaires serait pour les besoins physiologiques de la plante de même que pour ses interactions avec les systèmes biotiques ou abiotiques environnementaux. Néanmoins depuis des temps immémoriaux l'Homme a cherché dans son environnement, parmi ces substances, par mimétisme des propriétés biologiques observées, des remèdes pour se soigner et calmer les douleurs.

Cela a donné naissance à la pharmacognosie (étude des substances médicamenteuses d'origine naturelle). Aussi appelle-t-on plante médicinale toute espèce végétale dont au moins une partie possède des propriétés médicamenteuses. La connaissance de la structure et des comportements des molécules impliquées est fondamentale et constitue l'objet de la phytochimie. Les études en pharmacologie (étude scientifique des médicaments et de leur emploi) ont permis d'attribuer des propriétés à certaines familles de molécules. Ainsi Les alcaloïdes ont des activités sur le système nerveux central (Morphine, Caféine) le système nerveux autonome (Ephédrine, Yohimbine de l'ergot de seigle, Atropine, la Nicotine), sur le muscle (curares), sur les tumeurs (vinblastines) contre le paludisme (quinine), contre les vers (Emétine). De même, les terpènes des huiles essentielles sont antiseptiques, spasmolytiques, sédatifs, insecticides. Certains stéroïdes sont cardiotoniques.

Les polyphénols (flavonoïdes), quant à eux, sont reconnus comme des anti-inflammatoires et protecteur des vaisseaux sanguins. Enfin, les phénoliques simples sont reconnus comme antiseptiques, anti-inflammatoires [Bruneton, 1993].

De nombreuses études ont montré que les espèces de l'ordre des Caryophyllales se caractérisent surtout par la présence de composées phénoliques et surtout les bétalaïnes [Clement et Mabry, 1996].

I.3.2 les composés phénoliques

Comme l'indique la figure 10 ci-dessous de la page suivante, les composés phénoliques sont un ensemble très vaste comprenant des flavanols (comme la catéchines) des acides benzoïques (comme l'acide gallique), des acides phénols (comme l'acide caféique), des flavonols (comme la Rutine), des anthocyanosides (comme la Malvine). Les bétalaïnes possèdent une partie dihydroindole di-phénolique (1.3.3.3) et peuvent être inclues dans la famille des composés phénoliques même si les deux familles sont produites par des voies biosynthétiques différentes.

Physiologiquement les phénoliques agiraient *in situ* comme antioxydants, inhibiteurs enzymatiques, précurseurs d'autres substances, dans le transfert d'énergie, dans l'action des hormones et régulateurs de croissance des plantes, comme écrans protecteurs contre les rayonnements UV. Ainsi ils semblent primordiaux pour le développement normal et la protection de la plante.

1.3.2.1 Fonction dans la reproduction

Les composés phénoliques en général et en particulier les bétalaïnes, en conférant des couleurs vives aux fleurs et aux fruits, sont en partie responsables de l'attraction d'insectes et d'oiseaux qui sont des vecteurs de pollinisation et de dispersion des graines [Strack, 1997].

1.3.2.2 Effets contre les agressions

Pour se protéger des micro-organismes, insectes et oiseaux, les plantes, incapables de se déplacer sont obligés d'utiliser à cette fin, leurs métabolites secondaires dont les composés phénoliques. Ceux-ci possèdent une gamme variée d'activités biologiques dont les effets antiviraux, endocrines, inhibiteurs enzymatiques, immuno-modulateurs, anti-inflammatoires, antioxydants, cyto-protecteurs et inhibiteurs de carcinogenèse [Kapadia et al. 1996].

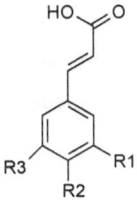

R1= R2 = R3 = OH : Acide Cinnamique
R1 = R3 = H, R2 = OH : Acide Coumarique
R1 = R2 = OH; R3 = H : Acide caffeique
R1 = R2 = R3 = OH : Acide Syringique
R1 = OCH3, R2 = OH, R3 = H : Acide Ferulique
R1 = R3 = OCH3, R2 = OH : Acide sinapique

Structures de quelques acides phénoliques

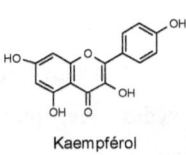

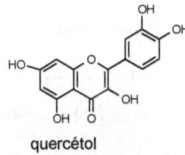

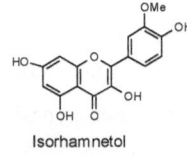

Kaempférol   quercétol   Isorhamnetol

Structures de quelque flavonols

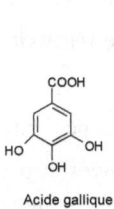

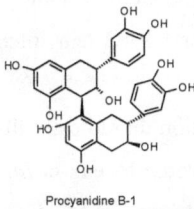

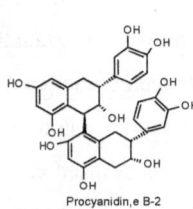

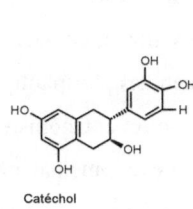

Acide gallique   Procyanidine B-1   Procyanidin,e B-2   Catéchol

Structure de quelques composés tanniques

Figure 10: Structure de quelques composés phénoliques de plantes

1.3.2.2.1 Réactions des phénoliques avec des radicaux libres [Bruneton, 1993]

Initialement il a été postulé qu'ils agiraient sur la réduction de l'acide déhydro-ascorbique *via* le glutathion à l'encontre duquel ils se comporteraient comme des donneurs d'hydrogènes. L'économie d'acide ascorbique serait d'autant plus grande que le composé est plus réducteur.

Plus généralement les phénols sont des piégeurs de radicaux libres formés dans diverses circonstances :

- Anoxie, qui bloque le flux d'électrons en amont des cytochromes oxydases et engendre la production de l'anion radical superoxyde,

- Inflammation, qui correspond entre autres, à la production d'anions superoxydes par la NADPH-oxydase membranaire des leucocytes, mais aussi à celle (par dismutation et en présence d'ions ferreux) du radical hydroxyle et d'autres espèces réactives normalement mises en jeu au cours du phénomène de phagocytose,

-Autoxydation lipidique, en général amorcée par un radical hydroxyle et qui produit, via les hydroperoxydes, des radicaux alkoxyles lipophiles.

Normalement, la cascade de réactions découlant de l'appariement de l'un des électrons libres de l'oxygène est interrompue par des systèmes enzymatiques : superoxyde dismutases (mitochondriale et cytoplasmique), Catalase et Glutathion peroxydase qui réduisent aussi bien les peroxydes que, plus tardivement, les hydroperoxydes. De nombreux flavonoïdes et avec eux beaucoup d'autres phénols (en particulier les tocophérols), réagissent avec les radicaux libres, empêchant ainsi les dégradations liées à leur intense réactivité au niveau des phospholipides membranaires.

L'effet antagoniste à l'égard de la production de radicaux libres peut être apprécié expérimentalement. On peut en effet produire ceux-ci *in vitro* soit par radiolyse (radical hydroxyle) soit par voie chimique ou biochimique (radical diphényle-picrylhydrazyl ou avec le radical d'ABTS) et les détecter, par résonance paramagnétique électronique dans le premier cas ou colorimétriquement dans le second. On peut ainsi mesurer la capacité antiradicalaire sur des modèles de peroxydation lipidique ou évaluer l'activité *in vivo* par comparaison à celle d'un antioxydant de référence. *In vivo* la capacité antioxydante d'un phénol dépend de sa structure chimique, de son affinité avec les constituants biologiques et sa biodisponibilité (liée à l'absorption intestinale et/ou à la stabilité).

1.3.2.2.2 Réaction comme inhibiteurs enzymatiques

Certains phénoliques sont connus pour leur potentiel d'inhibition de nombreux systèmes enzymatiques [Bruneton, 1993] impliqués dans les fonctionnements cellulaires et les pathologies les plus diverses. Cela leur confère des effets préventifs ou curatifs. C'est notamment le cas dans

- l'inhibition de l'histidine décarboxylase ;
- l'inhibition de l'élastase ;
- l'inhibition de la hyaluronidase, ce qui permettrait de conserver l'intégrité de la substance fondamentale de la gaine vasculaire ;
- l'inhibition non spécifique de la catéchol-o-méthyltransférase, ce qui augmenterait la quantité de catécholamines disponible et donc provoquerait une élévation de la résistance vasculaire ;
- l'inhibition de la phosphopdiesterase de l'AMPc, ce qui pourrait expliquer, entre autres leur activité anti-agrégante plaquettaire ;
- l'inhibition de l'aldose réductase ;
- l'inhibition de la lipoxygenase et/ou de la cyclo-oxygénase est en relation directe avec leur capacité à piéger les radicaux libres.

Ces propriétés démontrées *in vitro* pourraient expliquer les activités anti-inflammatoire et antiallergique reconnues pour plusieurs plantes renfermant des phénoliques. De plus les phénoliques peuvent stimuler l'action de la proline hydroxylase, ce qui favorise l'établissement de pontage entre les fibres de collagène, renforçant ainsi leur solidité et s'opposant à leur dénaturation.

1.3.3 Les Bétalaïnes

1.3.3.1 Les molécules pigmentaires des plantes

1.3.3.1.1 Caractérisation et classification

Les différentes couleurs que l'on peut observer dans la nature sont dues à la présence de molécules à pouvoir tinctorial ou colorant appelées pigments. Ce sont donc des composés chimiques capables d'absorber des radiations lumineuses de longueur d'onde située dans la bande du visible du spectre électromagnétique.

La couleur produite est due à une structure spécifique d'une molécule dite chromophore. Cette molécule capte l'énergie photonique et l'utilise pour l'excitation d'un électron de l'orbite externe vers une orbitale plus élevée. L'énergie non absorbée est réfléchie et/ou réfractée et peut être captée par l'œil, générant ainsi un influx nerveux qui, transmis au cerveau, peut être interprété comme une couleur [Delgado-Vargas et al., 2000]

On les classe généralement comme suit :

- Les pigments biologiques sont ceux produits par les êtres vivants : tétrapyrroles, xanthones, isoprénoïdes, dérivés benzopyraniques, quinones, bétalaïnes, mélanines ;

- Les pigments synthétiques sont ceux fabriqués par l'industrie : composés azoïques, xanthines, quinoléines,

- Des pigments minéraux (oxydes métalliques) sont trouvés dans la nature ou reproduits par synthèse.

-Les pigments naturels sont ceux biologiques ou minéraux.

La figure 11 ci-dessous donne les structures des familles chimiques de quelques pigments biologiques comme les chlorophylles, les carotènes, les anthocyanes.

1.3.3.1.2 Utilisation des substances pigmentaires

Certains pigments produits par les êtres vivants (Chlorophylles, Caroténoïdes, Hémoglobine, Myoglobine, Flavonoïdes, Quinones et Mélanines) ont d'importantes fonctions métaboliques ou écologiques. Néanmoins tous les pigments (naturels ou synthétiques) peuvent être utilisés en pharmaco-technique, en technologie alimentaire, en teinturerie ou en cosmétique [Delgado-Vargas, 2000].

La couleur est intimement liée à beaucoup d'aspects de notre vie. Si certains des principaux facteurs d'évaluation de la qualité d'un aliment semblent être l'arôme, la texture, la couleur ; cette dernière peut être considérée comme la plus importante par ce que si un aliment n'est pas visiblement attractif, le consommateur ne cherchera pas à apprécier les autres qualités. La couleur peut donc être une clé pour cataloguer un aliment (comme sain ou non, naturel ou non). C'est pourquoi des additifs colorants sont utilisés dans de nombreux produits conditionnés ou non pour leur donner une apparence attractive.

Cette pratique est très répandue (plus de 100000 tonnes de colorants ont été utilisées dans le monde en l'an 2000, selon la FAO), et cela depuis très longtemps. Jusqu'au 19ème siècle des colorants naturels ont été utilisés à cette fin. Depuis les grands progrès de la Chimie, des molécules de synthèse ont de plus en plus remplacé ces colorants naturels (biologiques ou minéraux).

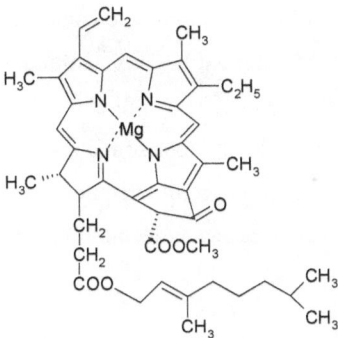

Dérivés tetrapyroliques (Chlorophylle a)

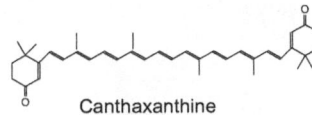

Dérivés isoprénoïques — Canthaxanthine

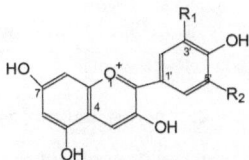

Dérivés benzopyraniques
R1 = R2 = H : Pelargonidol
R1 = OH, R2 = H : Cyanidol
R1 = OCH3, R2 = H :Peanidol
R1 = OCH3, R2 = OH : Petunidol

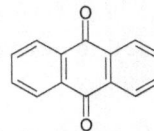

Quinones

Figure11. Structure de quelques molécules pigmentaires biologiques (non bétalaïniques)

Des investigations toxicologiques faites depuis quelques années, ont montré l'ampleur des risques inhérents à la consommation de certaines de ces substances. Par exemple l'amarante, colorant rouge (azoïque) largement utilisé jusque dans les années 1980 a été révélé cancérigène. De même il s'est avéré que la production industrielle des colorants synthétiques (alimentaires ou non) entraîne l'accumulation de grandes quantités de polluants toxiques aussi bien pour l'Homme (cause de certaines infertilités) que pour les sols.

Cette situation a conduit à la mise en place de législations de plus en plus strictes dans le cadre du *Codex alimentarus* de FAO/OMS [Walford, 1980]. Cela a redonné un intérêt soutenu aux travaux de recherche sur les colorants naturels (surtout ceux biologiques vu que certains des colorants naturels minéraux se sont aussi montrés toxiques). Ainsi des substances naturelles comme les bétalaïnes semblent être prometteuses comme alternatifs aux colorants alimentaires synthétiques. C'est probablement l'une des raisons qui expliquent le nombre de plus en plus élevé de travaux de recherche qui leur sont consacrés [Delgado-Vargas et al. 2000]. Cet intérêt s'est encore accru lorsqu'on s'est rendu compte des propriétés biologiques intéressantes de ces molécules [Kanner et al. 2001].

1.3.3.1.3 Colorants et Chimiothérapie

De nombreux éléments (composés) chimiques ont une activité sur la physiologie des organismes vivants. Certaines de ces substances sont utilisées comme médicaments. Ce sont des agents chimio-thérapeutiques.

Une des plus grandes branches de la chimiothérapie concerne des composés capables de détruire ou d'inactiver (inhiber le développement) sélectivement des germes pathogéniques dans l'organisme du patient. La grande difficulté en chimiothérapie est de disposer de composés chimiques qui peuvent posséder cette propriété (permettant d'atteindre cet objectif) sans pour autant causer des dommages aux organes du patient.

Au début du 20ᵉᵐᵉ siècle il y avait seulement trois remèdes spécifiques connus pour lutter contre les maladies infectieuses : le mercure contre la Syphilis, les écorces de Quinquina contre le Paludisme et l'Ipécacuanha contre les dysenteries. Ces trois composés étaient connus depuis des siècles.

Vers la fin du 19ᵉᵐᵉ siècle, deux grandes avancées scientifiques allaient entraîner des effets importants : premièrement, Robert Koch (en 1876) montra que les maladies infectieuses étaient dues à des microorganismes. Ensuite il y eut les premiers travaux, inaugurant la chimie organique structurale, par Kekulé (en 1865), repris ensuite par d'autres chercheurs. Ces découvertes ont permis quelques-uns uns des plus grands acquis de l'humanité.

Si depuis quelques décennies l'Arsphenamine a été remplacé par les Pénicillines dans le traitement de la Syphilis, il faut reconnaître que cette molécule a représenté le premier grand triomphe dans le domaine de la recherche pour traiter cette terrible maladie (surtout en Europe du 19ᵉᵐᵉ siècle).

Un scientifique allemand, Paul Ehrlich a consacré une bonne partie de sa vie à monter que l'on peut utiliser (ou synthétiser) des molécules présentant une action sélective contre les germes pathogènes tout en montrant une innocuité pour le patient. Etant étudiant en médecine, il avait observé que certains colorants étaient capables de teindre sélectivement certains types d'étoffes mais pas d'autres types. Ehrlich pensa alors que, si un colorant pouvait être élaboré et qui était capable de se fixer sélectivement sur des germes pathogènes mais non sur les tissus du patient, on pouvait introduire des groupements chimiques toxiques dans ces colorants. Le germe pathogène absorberait le colorant et ainsi rentrerait en contact avec le groupement chimique toxique.

Une des étapes dans la recherche fut la découverte que le bleu de méthylène (fig.12), un des colorants bien connus, colorait sélectivement certains germes.

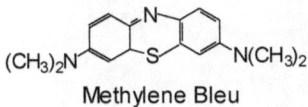
Methylene Bleu

Figure 12 : structure du Bleu de Méthylène

Plus tard il fut montré qu'un colorant, le rouge Trypan (fig.13), non seulement se fixait sélectivement sur des trypanosomes de souris infectés, mais possédait également une certaine activité contre ces parasites.

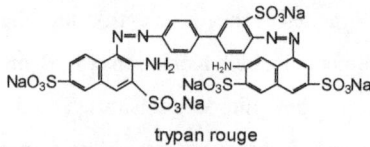

trypan rouge

Figure 13 : structure du Trypan rouge

Ehrlich pensa que l'activité toxique du rouge Trypan contre les Trypanosomes pouvaient être due à la présence dans ce colorant du groupement Azo (-N=N-).

De même il pensa que l'Arsenic, un élément voisin de l'azote dans le tableau périodique pourrait être plus toxique. Il pensa alors à synthétiser des colorants analogues au rouge Trypan mais contenant de l'arsenic à la place de l'azote. Il était déjà connu qu'un composé arsénique, l'Atoxyl (fig.14) présentait une activité contre les Trypanosomes.

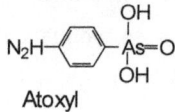

Atoxyl

Figure 14 : structure de l'Atoxyl

En 1910, Ehrlich et ses collaborateurs synthétisèrent l'Arsphenamine (fig.15).

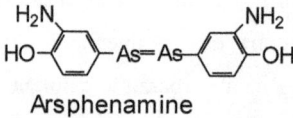

Arsphenamine

Figure 15 : structure de l'Arsphenaminel

Ce composé ainsi que d'autres arséniques montrèrent une bonne activité contre la Syphilis et d'autres maladies à Trypanosomes et Spirochètes.

Les Sulfamides

La synthèse du Prontosil (fig.16).

C'est le résultat des travaux issus des observations d'Ehrlich de l'activité antibactérienne des colorants : bleu de méthylène, rouge Trypan.

L'industrie allemande de colorants et teintures (I.G. farben, industrie) sous la direction de Hortein et plus tard de Domagk aboutit à la synthèse de colorants contenant des groupements sulfamides.

En 1935, Mietzsch et Klarer synthétisèrent une série de colorants aminés comportant le groupement sulfonamide dont le Prontosil R doué d'activité antibactérienne (par exemple contre les infections à *Staphylococcus aureus*) ; les fièvres puerpérales et les érysipèles furent également traités.

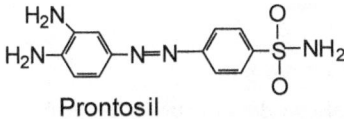

Prontosil

Figure 16 : structure du Prontosil

Le Prontosil est une prodrogue de la Sulfanilamide (fig.17).

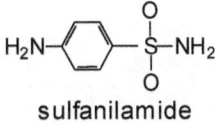

sulfanilamide

Figure 17 : structure de la sulfanilamide

A partir de la Sulfanilamide, d'autres composés actifs (antibiotiques ou antiseptiques) furent synthétisés. La première molécule possédant un hétérocycle, introduite en thérapeutique fut la Sulfapyridine suivie par la Sulfathiazole (fig.18), puis la Sulfadiazine (fig.19) L'ensemble de ces composés fut désigné par Sulfamides.

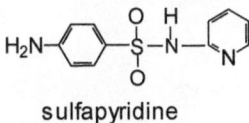

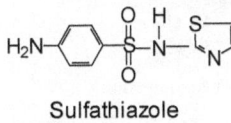

sulfapyridine   Sulfathiazole

Figure 18 : structure de la Sulfapyridine et du Sulfathiazole

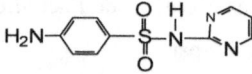

Sulfadiazine

Figure 19 : structure de la Sulfadiazine

L'activité antibactérienne des Sulfamides est liée à leur capacité à inhiber de façon compétitive l'enzyme permettant la synthèse de l'acide folique à partir du PABA (Para Amino Benzoic Acid, fig.20) en présence de l'acide glutamique et de l'acide ptéroïque.

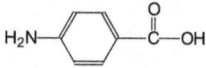

Acide Paraminobenzoïque

Figure 20 : structure de l'acide para-amino benzoïque

Les composés possédant une analogie de structure avec le PABA peuvent se fixer sur l'enzyme et l'inhiber. Beaucoup de colorants organiques contiennent la phénylamine dans leur structure. Les colorants azoïques (comme le Prontosil) sont synthétisés à partir de l'Aniline (fig.21).

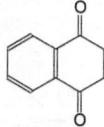

Figure 21 : structure de l'Aniline

D'autres colorants comme les quinones (Benzoquinones, Naphtoquinones, Anthraquinones, fig.22) sont également connues pour leurs activités antibactériennes et fongicides.

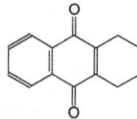

Benzoquinone   Naphtoquinone   Anthraquinone

Figure 22 : structure de Quinones

1.3.3.2 Définition des bétalaïnes

Les bétalaïnes sont des pigments végétaux hydrosolubles vacuolaires, caractéristiques de quelques champignons (en particulier les genres *Amanita* et *Hygrocybe*) et de treize des quinze familles de Caryophyllales chez lesquelles elles remplacent les anthocyanosides dans les fleurs, les feuilles, les fruits ou les parties souterraines colorées [Mabry, 2001].

Le terme "bétalaïnes" a été introduit par Mabry et Dreiding [Von Elbe, 1977] à partir de considérations structurales et biogénétiques. Bien que comportant une amine cyclique et un ammonium quaternaire, les bétalaïnes ne sont pas considérées comme des alcaloïdes *sensu stricto* par ce qu'elles ont une nature acide du fait de la présence de groupes fonctionnels carboxyles. Elles sont parfois dénommées chromoalcaloïdes (à cause de la présence d'un atome d'azote dans le Chromophore). Originellement les bétalaïnes furent aussi nommées ''anthocyanosides azotées'' [Wybraniec et al., 1957 ; Mabry, 2001].

Sur le plan chimique, la définition de bétalaïnes embrasse tous les composés ayant une structure basée sur la formule générale de la figure 23 (ci dessous). Ce sont donc des dérivés immonium de l'acide bétalamique. Le chromophore des bétalaïnes peut être décrit comme un système protoné 1,7-diazaheptaméthin 1, 2, 4, 7,7-pentasubstitué.

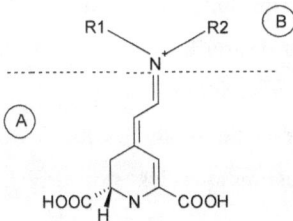

Figure 23: Formule générale des bétalaïnes

La partie A (acide bétalamique) est présente chez toutes les molécules de bétalaïnes. De la structure de la partie B (selon les identités des résidus R1 et R2) dépend l'appellation de 'bétacyanine' ou de 'bétaxanthine'.

Plus de 50 types de molécules de bétalaïnes ont été bien caractérisées [Zryd et Christinet, 2003]. Leur couleur est tributaire du système des doubles liaisons conjuguées. La conjugaison avec un noyau aromatique sur le chromophore 1, 7–diazaheptaméthinium déplace la zone d'absorption lumineuse de 480 nm (chez les bétaxanthines, jaunes) à 540 nm (chez les bétacyanines, rouges).

1.3.3.3 Classification des bétalaïnes

Selon leur structure, elles peuvent être subdivisées en deux groupes.

1.3.3.3.1 Les Bétacyanines

Les Bétacyanines ('beta' de *Beta vulgaris* L., et 'kyanos' : bleu ou violet) sont des pigments rouges (ou violacés) existant à l'état d'hétérosides hydrosolubles dont la génine est un zwittérion dihydroindolique et dihydropyranique. Ces génines ont une nomenclature comportant un préfixe relatif au genre de la plante d'origine et un suffixe en « inidine ». Exemple : bétanidine (génine bétacyanique originaire de *Beta vulgaris* L.). Les bétacyanines dérivent donc des génines précédentes par l'état de glycosylation de l'un de ses groupements fonctionnels hydroxyles, soit en position C_5 (Bétanine : 5-o-glucoside) ou en C_6 (Gomphrénine II : 6-o-glucoside). Bien qu'il n'existe pas de bétacyanine connue avec les deux hydroxyles substitués par des résidus de sucres, quelques biosides sont cependant connus telle que l'amaranthine (bétanidine 5-O-[2-o-(β-D-glucopyranosyluronique) β-D-glucopyranoside] dans les feuilles d'*Amaranthus caudatus* L. La figure 24 ci-dessous indique les structures chimiques de quelques bétacyanines connues.

Les noms des hétérosides comportent un préfixe relatif au genre de la plante d'origine et un suffixe en 'ine' ; comme c'est le cas avec la bétanine (bétacyanine originaire de *Beta vulgaris*). ; l'amaranthine I (de *Amaranthus caudatus* L.) et la gomphrenine I (*de Gomphrena globosa* L.)

In vivo, les bétacyanines existent parfois à l'état acylé (avec des acides hydroxycinnamiques) (acides ferulique ou p-coumarique...), comme c'est le cas de la Celosianine-I (4-coumaroylamaranthine) dans *Chenopodium rubrum*.

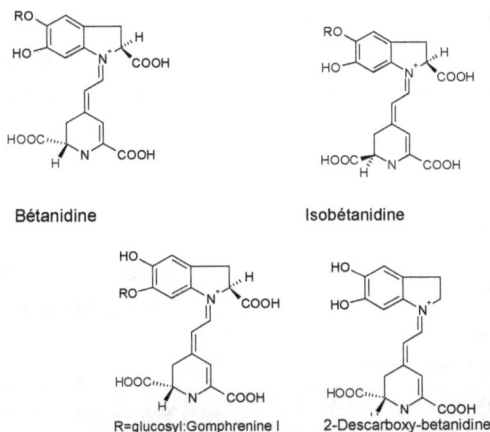

Figure 24: Structures moléculaires de quelques bétacyanines [Zryd et Christinet, 2003]

Le tableau 2, ci-dessous décrit quelques-unes de ces structures et indique les auteurs dont les travaux ont permis les élucidations moléculaires.

1.3.3.3.2 Les Bétaxanthines

Les Bétaxanthines (du latin 'b*eta*' : de *Beta vulgaris* ; et du grecque '*Xanthos*' : jaune) ont des structures proches de celles des bétacyanines mais leur coloration est jaune [Piattelli et al.,1969 a et b]. Les figures 11 et 12 ci-dessous indiquent que ce sont des structures constituées d'acides aminés (protéiques ou non) ou d'amines, conjuguées à l'acide bétalamique. Ainsi on a par exemple la miraxanthine (dans les fleurs de *Mirabilis jalapa* L.), la vulgaxanthine I et II (de *Beta vulgaris* L.) et la Portulacaxanthine (de *Portulaca grandiflora* L.). La figure 25 ci-dessous montre les structures chimiques de quelques bétaxanthines connues. Ces structures ont pu être élucidées grâce aux travaux de nombreux auteurs comme l'indique le tableau 3 ci-dessous.

Tableau 2: Caractéristiques de quelques bétacyanines connues

Molécules	Références bibliographiques
AGLYCONES	
Bétanidine, Isobétanidine	[Wyler et al., 1963]
2-Descarboxy-betanidine	[Wilcox et al., 1965]
6'-Omalonyl-2-descarboxy-betanine	[Piattelli et Imperato, 1970]
GLYCOSIDES	[Kobayashi et al., 2001]
5-O-Glycosylation	
Groupe bétanine	
bétanidine 5-O-glucoside : bétanine	[Wyler et Dreiding, 1961]
2-descarboxy-betanine	[Kobayashi et al. , 20001]
6'-o-malonyl-betanine : Phyllocactine	[Piattelli et Imperato, 1969]
2'-apiosyl-phyllocactine	[Kobayashi et al., 2000]
2'-(5''-o-e-Feruloylpiosyl)-betanine	[Schliemann et al.,1996]
2'-(5''-O-E-Feruloylpiosyl)-phyllocactine	[Schliemann et al. 1996]
Hylocerenine 6-O-(3''-hydroxy-3''-methyl)-betanine	[Wybraniec et al. , 1957]
Groupe Amaranthine	
Bétanidine5-O-(glucuronide)-glucoside : amaranthine	[Sciuto et al. ,1974]
Hydroxyméthylglutaryl-Amaranthine : iresinine I	[Cai et al. , 2001]
Coumaroyl et feruloyl-Amaranthine : celosianine I, II	[Cai et al. , 2001]
Groupe bougainvilléine	
Bougainvilléine I	[Piattelli et Imperato, 1970]
6-O-Glycosylation	
Bétanidine 6-O-glucoside : gomphrenine	[Piattelli et Minale, 1964]
Dérivé coumaroyl de Gomphrenine I : gomphrenine II	[Heuer et al., 1992]
Dérivé Feruloyl de Gomphrenine I : gomphrenine III	[Heuer et al., 1992]

Tableau 3: Caractéristiques de quelques bétaxanthines connues

Molécules de bétaxanthines	Acide aminé impliqué	Références bibliographiques
Dérivés d'acide aminé		
Dopaxanthine	Dopa	[Impellizzeri et al., 1973]
Indicaxanthine	Proline	[Piattelli et al., 1964c]
Miraxanthine I	Méthionine sulfoxyde	[Piattelli et al., 1965]
Miraxanthine II	Acide aspartique	[Piattelli et al., 1965a]
Portulacaxanthine I	Hydroxyproline	Piattelli et al., 1965b]
Portulacaxanthine II	Tyrosine	[Trezzini et al., 1991]
Portulacaxanthine III	Glycine	[Trezzini et Zryd., 1991]
Vulgaxanthine I	Glutamine	[Piattelli et al., 1965b]
Vulgaxanthine II	Acide glutamique	[Piattelli et al., 1965b]
Tryptophan-bétaxanthine	Tryptophane	[Schliemann et al., 2001]
Dérivés d'amines biogènes		
Miraxanthine III	Tyramine	[Piattelli et al., 1965a]
Miraxanthine V	Dopamine	[Piattelli et al., 1965a]
3-Methoxytyramine-bétaxanthine	Méthoxy-tyramine	[Schliemann et al., 2001]
Humilixanthine	Hydroxy-norvaline	[Strack , 1997]
Miraxanthine I	Méthionine sulfoxyde	[Schliemann et al., 2001]

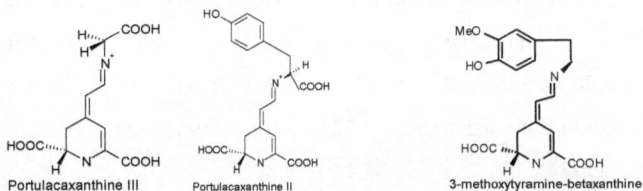

Portulacaxanthine III   Portulacaxanthine II   3-methoxytyramine-betaxanthine

Figure 25: Structures moléculaires de quelques bétaxanthines [Zryd et Christinet, 2003].

Des bétaxanthines ont été identifiées chez les champignons *Amanita muscaria* L., entre autres les sept musca-aurins oranges (λmax = 480 nm) [Dopp et Musso, 1973, Fivaz et al., 1995].

Les bétaxanthines peuvent être aisément synthétisées de manière non enzymatique *in vitro* (figure 26 ci-dessous) en mélangeant de l'acide bétalamique et l'amine désirée à un pH neutre ou légèrement acide [Trezzini et Zryd, 1991]. C'est ce qui se passe spontanément dans les milieux acides des vacuoles végétales [Schliemann et al., 1999].

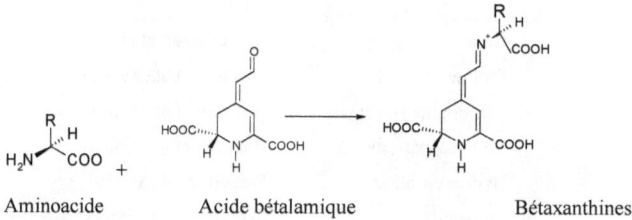

Aminoacide   Acide bétalamique   Bétaxanthines

Figure 26 : Schéma de formation de bétaxanthines [Zryd et Christinet, 2003]

1.3.3.4 Propriétés des bétalaïnes

La teinte (coloration) des bétacyanines est sensible au pH du milieu. Dans la zone de pH de 3,5–7, le spectre UV-visible de solutions montre un maximum d'absorbance entre 535 et 540 nm avec des teintes allant du violet au rouge selon les origines [Huang et al. ; 1987]. En deçà de pH 3,5 le maximum d'absorbance se déplace vers des longueurs d'onde plus faibles (en deçà de 535nm) avec une évolution de coloration vers le bleu –violet alors qu'au-delà de pH 7 les maxima d'absorbance se situent à des longueurs d'onde plus élevées (par exemple 544 nm pour la bétanine à pH 9) et la teinte vire vers le jaune. De plus, en dehors de la zone de stabilité maximale (pH 3,5-7), l'intensité d'absorption à la longueur d'onde d'absorbance maximum diminue et cette intensité augmente dans les zones de 575-650 et 350-450 nm.(Nilsson, 1970 ; Von Elbe et al. 1974).

La figure 26 ci-dessous montre qu'en plus du pH, d'autres facteurs environnementaux influencent la stabilité des bétalaïnes. Des études faites sur la thermo-stabilité des bétalaïnes [Von Elbe et al.,1974;; Pasch et Von Elbe, 1979 ; Sapers et Horstein, 1979 ; 1979 ; Huang et Von Elbe, 1985] ont montré que la réaction de dégradation de la bétanine en solution est réversible et que la régénération est fonction du pH. En solution, l'hydrolyse thermique de la bétanine donne de l'acide bétalamique et du cyclodopa-O-glycoside [Schwartz et al., 1983]. La régénération de la bétanine, inverse de la réaction hydrolytique précédente implique la condensation de l'amine de la cyclodopa-O-glycoside (base de schiff) avec l'aldéhyde de l'acide bétalamique [Von Elbe et Von Elbe, 1984 ; Ernest et Von Elbe, 1984].

La susceptibilité des bétalaïnes à l'oxygène est connue depuis longtemps. Il semble que l'oxygène moléculaire seul soit impliqué dans la dégradation des bétalaïnes à l'exclusion des formes oxygénées actives [Attoe et al., 1984]. Par rapport à l'oxydation, la stabilité et la régénération sont meilleures dans la zone de pH de 4-5. La lumière accélère également l'oxydation.

In vivo, on observe que dans les conditions de stress (irradiation excessive, attaque fongique) ou lors de la maturation de fruits, il y a une augmentation considérable de synthèse de bétalaïnes. Cette augmentation pourrait stabiliser les pigments grâce aux phénomènes dits de copigmentation intramoléculaire et d'auto-association. La copigmentation est le phénomène par lequel la molécule d'un pigment grâce aux interactions hydrophobes, s'associe à une molécule organique (copigment) riche en électrons π, pour former un complexe stable. Selon les travaux de Schliemann et Strack (1998), dans le cas des bétalaïnes, il y a soit une copigmentation intramoléculaire [(Le copigment étant le ou les acyles phénols lié(s) à la bétalaïne], soit une auto-association entre deux molécules de bétalaïnes. L'acylation des bétacyanines provoque un déplacement bathochromique dans l'absorption de la lumière (effet dû à la copigmentation) et réduit la vitesse de racémisation tout en améliorant la stabilité.

La figure 27 ci dessous indique également les mécanismes et les produits de la dégradation des bétalaïnes sous l'effet de divers facteurs physico-chimiques.

1.3.3.5 Biosynthèse, fonctions et activités biologiques des bétalaïnes

1.3.3.5.1 Biochimie

64

Les réactions initiales de la biosynthèse des bétalaïnes ont été élucidées grâce à des cultures végétatives utilisant des précurseurs marqués (tyrosine et Dopa). Ainsi il a été montré que le squelette entier (en C_6C_3) de la tyrosine est retrouvé dans l'acide bétalamique et dans le Cyclodopa [Liebisch, Bohm, 1981 ; Mueller et al., 1996, 1997].

La figure 27 (ci dessous) montre le mécanisme de biosynthèse actuellement admis. Trois enzymes y sont impliquées : une tyrosinase, une dopa 4,5– dioxygenase et une bétanidine- glucosyltransferase.

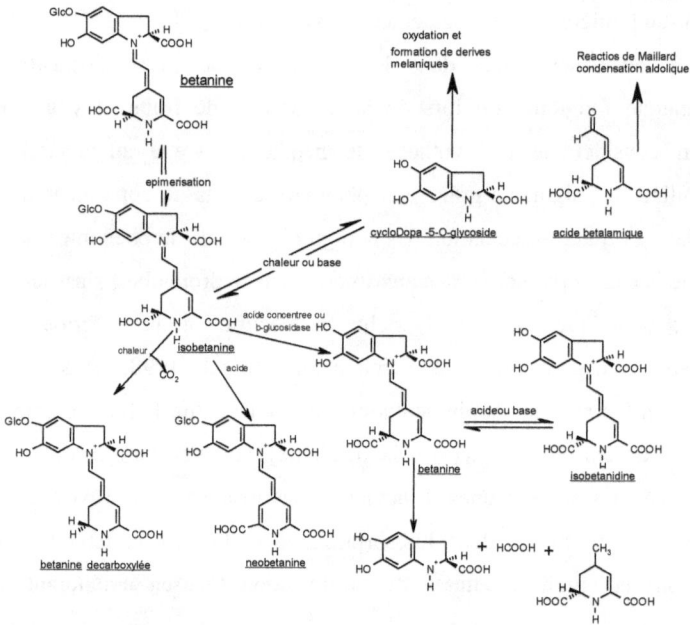

Figure 27: Schéma de dégradation des bétalaïnes [Schwartz et Von Elbe, 1983]

1.3.3.5.2 Régulation de la biosynthèse

Dans les plantes la biosynthèse des bétalaïnes est soumise à une régulation complexe. Les pigments s'accumulent seulement dans certains tissus et à des stades spécifiques de développement. Il a été montré que cette régulation est faite par la Dopa, la lumière et les cytokinines [Zryd et Christinet, 2003].

La photo-régulation concerne aussi bien la lumière bleue que celle rouge et est médiée par des phytochromes et des cryptochromes [Piattelli et al., 1969]. La lumière influence la compétition entre la voie dopaminique aboutissant à la formation de catécholamines (adrénaline) et celle bétalaïnique [Steiner et al., 1996]. Ainsi chez *Portulaca* à l'obscurité, seules les catécholamines sont synthétisées.

Chez *Amaranthus caudatus* L. les bétacyanines sont formées à l'obscurité en présence de cytokinines (telle que la 6-benzyl aminopurine). Les cytokinines agiraient en accélérant la transcription et la translation génique pour la synthèse des enzymes intervenant dans la synthèse des bétalaïnes [Zryd et Christinet, 2003].Les auxines interviennent dans la stabilisation des bétalaïnes en synthèse.

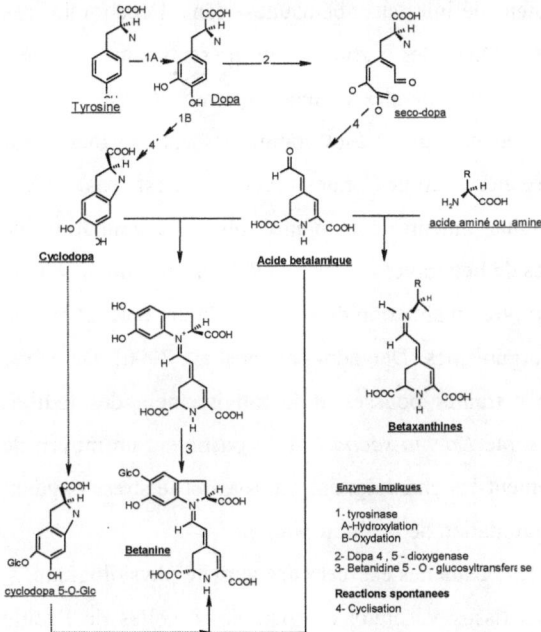

Figure 28: Mécanisme de biosynthèse des bétalaïnes [Kobayashi et al., 2001]

1.3.3.5.3 Fonction et activités biologiques des Bétalaïnes

La différence absolue de structure chimique entre bétalaïnes et anthocyanes, le fait qu'ils sont mutuellement exclusifs ainsi que la distribution restreinte des bétalaïnes sont de sérieux arguments en faveur de la signification taxonomique de ces pigments. Ces arguments ne sont pas amoindris par la présence de bétalaïnes dans les basidiomycètes qui n'ont pas de relation phylogénétique avec les plantes à fleurs. Cette présence coïncidentale peut être interprétée comme un cas de convergence phytochimique entre phases évolutionnaires. En considérant la dépendance cruciale des êtres vivants de l'économie d'énergie, ainsi que la connaissance grandissante concernant la chémo-écologie des métabolites secondaires dans la nature, cette supposition peut être probable [Zryd et Christinet, 2003].

Comme pour les autres métabolites secondaires, il est impossible d'assigner une fonction bien définie aux bétalaïnes dans l'économie des organismes qui les produisent. Quant les pigments sont présents dans les fleurs et les fruits, ils jouent un rôle d'attirants des vecteurs (oiseaux et insectes) pour la pollinisation et la dispersion des grains tout comme les anthocyanes. Leur présence dans d'autres organes (feuilles, tiges, racines) n'est pas encore expliquée. Néanmoins certains auteurs ont montré que l'accumulation de bétalaïnes dans les tubercules de betteraves rouges serait d'une part un moyen de réserve de glucides pour survivre en situation de stress et d'autre part un moyen de défense contre les microorganismes [Delgado-Vargas et al., 2000]. De même la coloration transitoire de certaines pousses et le rougissement des feuilles sénescentes des espèces (comme *Kochia scoparia* L.) constituent un moyen de protection contre respectivement les champignons parasites et le stress oxydant généré par le milieu ou la dégradation de la chlorophylle.

Des travaux ont montré que les bétalaïnes exercent une activité physiologique sur la croissance de certains tissus végétaux comparables à celles de l'acide indole acétique(IAA) [Stenlid, 1976].

Bien que structurellement proches des alcaloïdes, les bétalaïnes n'ont pas d'effets toxiques sur l'organisme humain étant donné qu'elles sont largement présentes dans diverses denrées alimentaires comme la betterave potagère, les fruits de la poire épineuse et les grains de différents *Amaranthus* couramment consommés comme céréales [Bohm et Pink., 1988].

Des études ont montré que la bétanine n'avait aucun effet mutagénique ou carcinogène jusqu'à la dose de 50mg/kg de bétanine pure ou d'aliments contenant jusqu'a 2000mg/kg de bétacyanines. Néanmoins il a été constaté que chez certaines personnes la consommation de bétalaïnes s'accompagnait occasionnellement d'excrétion urinaire de bétanine ; cet état est appelé la beeturie ou bétanurie. L'étiologie et le mécanisme de cette pathologie sont mal connus.

Certaines utilisations médicinales des espèces à bétalaïnes ont amené à entreprendre des travaux d'étude d'activité biologique qui ont montré que les bétalaïnes possèdent des activités d' immunostimulant [Kappadia et al., 2003], d'anti-inflammatoire [Galati et al., 2003, Tesoriere et al.2005], d'anti-tumorale [Kappadia et al.; 1996 ; 1997 ; 1998 ; 2003, Wettasinghe et al., 2002], d'antivirale, d'antifongique [Delgado-Vargas et al.,2000] et d'antibactérien [Zryd et Christinet., 2003]. En 1996, une licence a été déposée en Israël sur un produit pharmaceutique (de traitement des maladies cardiovasculaires) à base de bétanine [Kanner et al., 1996, 2001].

Les bétalaïnes (phénoliques azotés) agiraient grâce aux activités caractéristiques des composés phénoliques et/ou des amines cycliques [Decker et al., 2001 ; Torregiani et al., 2002].

2. La famille des Amaranthaceae et l'espèce *Amaranthus spinosus*

2.1. La famille des Amaranthaceae

2.1.1. Présentation

La famille des Amaranthaceae est une des familles caractéristiques de l'ordre des Caryophyllales à cause de leur distribution quasi universelle et surtout de leurs nombreuses utilisations. Le mot "Amaranth" d'origine grecque signifie "fleur éternelle". Les Amaranthaceae comprennent environ 800 espèces réparties en plus de 60 genres : *Achyrantes, Achyropsis, Aerva, Alternanthera, Amaranthus, Celosia, Pupalia, Sericocoma, Tidestromia, Trichuriella, Volkensinia, Woehleria, Xerosiphon...*

Ce sont généralement des plantes herbacées, à feuilles entières, alternes. Le plus souvent hermaphrodites, les fleurs sont généralement verdâtres, petites, le plus souvent parfaites, diversement groupées formant de denses sommités. Elles sont largement réparties avec une préférence pour les régions tropicales. Quelques espèces sont cultivées pour l'ornement ou l'alimentation.

2.1.2. Intérêt économique, nutritionnel et pharmacologique

Les *Amaranthus* sont de "nouvelles" cultures alimentaires vieilles de 5-7000 ans car cultivées par les Aztèques. Les Chinois s'y sont beaucoup intéressés car ce sont des espèces très résistantes et se contentant de sols pauvres. On cultive essentiellement *Amaranthus* spp. mais aussi *Iresine spp.* (herbe des Maya), *Celosia* spp.(dont *Celosia plumosa* souvent appelé plumes du Prince de Galles). Les tiges feuillées de certaines espèces de la famille telles qu'*Amaranthu*s *spp.* sont utilisées dans l'alimentation. Les variétés les plus pigmentées sont utilisées pour produire des colorants biologiques alimentaires

(Amaranthines) en Chine continentale et à Hon Kong [Cai et al., 1998]. Les graines des *Amaranthus sont* utilisées dans la fabrication de farine très recherchées pour leur richesse en protéines et acides gras de grande valeur [Teutonico et Knorr, 1985]. D'autres comme *Celosia argentea var argentea*, *Celosia argentea* var *cristata* (crête de coq), *Gomphréna* spp. sont des plantes ornementales.

Les *Amaranthaceae* sont utilisées dans la pharmacopée traditionnelle africaine, dans le traitement de nombreuses affections telles que les problèmes intestinaux. Certaines sont également utilisées comme diurétique et auraient des effets antidiarrhéique, antihistaminique, analgésique et anti-venin [Nacoulma, 1996].

Des études scientifiques ont confirmé l'intérêt pharmacologique de certaines espèces de la famille des *Amaranthaceae*. L'activité leishmanicide de l'extrait hydro-alcoolique de *Pfaffia glomerata* a été montrée en 2004 par Neto et al. (2004). Les études réalisées en 2004 par Salvador et al. ont montré que l'extrait brut de *Blutaparon portulacoides* inhibe la croissance des amastigotes de *Leishmania amazonensis* (Salvador et al., 2002).

2.1.3 Chimie des Amaranthaceae

Divers groupes de composés ont été isolés des *Amaranthaceae*. On peut citer :
- les Flavonoïdes [Banerji et Chakravarti, 1973]
- les Bétacyanines (Piattelli et Minale, 1964a, b, c)
- les Saponines [Dogra et al.1980]
- les Triterpènes et les Stéroïdes [Banerji et Chakravarti, 1973]

2.2 Le genre *Amaranthus*

2.2.1 Présentation

Sauvages ou cultivées les espèces du genre *Amaranthus* sont largement répandues. C'est le *cas d'Amaranthus lividus, A. caudatus, A. cruentus, A.*

dubius, A. hybridus, A. hypocondriacus, A. retroflexus, A. spinosus, A. tricolor, A. viridus, A. graecizans, A. edulis. Ce sont des espèces à culture facile, poussant à profusion sur les aires récoltées.

2.2.2 Intérêt pharmacognosique, nutritionnel et économique

Les espèces du genre *Amaranthus* sont généralement consommées sous forme de légumes. Les parties feuillées contiennent beaucoup de protéines, du calcium, du potassium, du fer des vitamines (C, E), montrant ainsi une haute valeur nutritionnelle. Certaines peuvent néanmoins parfois contenir des nitrates et des oxalates. En général les populations ont pu sélectionner des variétés non toxiques. Les graines de beaucoup de ces espèces donnent une farine de haute qualité riche en acides gras essentiels [Teutonico et Knorr, 1985]. Certaines espèces du genre *Amaranthus* sont traditionnellement utilisées comme diurétique et contre les ménorragies, les gonorrhées, les dermatoses [Banerji et Chakravarti 1973].

2.2.3 Quelques composés chimiques retrouvés chez les *Amaranthus*.

Des saponines ont pu être isolées (α-Spinasterol) [Banerji et Chakravarti, 1973] .Les bétalaïnes ont également été mises en évidence [Cai et al., 1998].

2.3 L'espèce *Amaranthus spinosus* L.

2.3.1 Classification

Règne: végétal

Sous règne : plantes vasculaires

Embranchement : Spermatophytes (plantes à graine)

Sous embranchement : Angiospermes

Classe : Dicotylédones (*Magnoliopsida*)

Sous classe : *Caryophyllidae*

Ordre : Caryophyllales

Famille : *Amaranthaceae*

Genre : *Amaranthus*

Espèce : *Amaranthus spinosus* L.

Nom vulgaire : Amaranthe épineuse, épinard

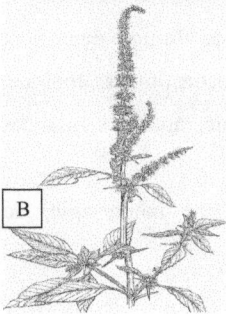

Photos (série) 1 : *Amaranthus spinosus* : plantes avec fleurs (A); dessin de la partie aérienne (B) nœud avec épine (C), en décembre à Tanghin, (Ouagadougou) [Hilou A.]

2.3.2 Description botanique

Herbe annuelle robuste, à tige érigée, très ramifiée, garnie de longues épines axillaires par paires à la base des feuilles. Tiges et pétioles rougeâtres. Feuilles ovées, lancéolées ou spatulées courtement acuminées ; pétiole assez long. Inflorescences en épi terminal, spiciformes, axillaires, faites de glomérules de fleurs vertes, disposées densément le long de l'axe ou latéralement à l'axe principal. La pollinisation est faite par le vent. La reproduction se fait par graines (petites et noires). La photo 1 ci dessus illustre différents aspects botaniques d'*Amaranthus spinosus*. C'est une espèce pantropicale, rudérale, poussant dans les décombres, les terrains vagues et les jachères.

2.3.3 Utilisations

Usage interne : La plante peut être utilisée fraîche ou bien aussi être récoltée au moment où elle fleurit (ou commence à devenir rouge) pour usage ultérieur [Bep, 1986 ; Brown, 1995 ; Nacoulma, 1996]

Plantes entières : soins aux nouvelles accouchées, traitement de troubles gastriques (bébé), diurétique, paludisme.

Feuilles : traitement d'Anuries, de fièvre, d'anémie, de constipation, de maigreur des enfants, scorbut, d'athrepsie, d'insuffisance de sperme, de convulsions infantiles, de crises d'épilepsie, d'hypogalactie, de cirrhose. On note également des utilisations comme Analeptique, aphrodisiaque, reconstituant, tonique, diurétique, laxatif (suc de feuilles), dépurative, émolliente, apéritive (glandes digestives), emménagogue (utérus et appareil digestif).

Racines : comme laxatif (enfants), et pour traitement de ménorragie, de gonorrhée, de coliques.

Usage externe :

Pâte de feuilles fraîches écrasées et salées pour traitement de dents cariées.

Jus de feuilles fraîches utilisé contre les abcès et furoncles (antibiotique gram +)
Emollient de parties terminales utilisé contre abcès, brûlures, otalgies, otites,
eczéma, ulcères de bouches, écoulements vaginaux, saignement des narines.

2.3.4 Chimie de la plante

Les quelques travaux faits sur l'espèce montrent la présence des constituants
suivants : cellulose (9,3 %), autres glucides (43,7 %), Protéines (27 %); lipides,
cendres (18,3 %), Saponines, Mucilages ; Acide ascorbique (9mg/100g) ;
oxalates,, Calcium, potassium, Fer, pigments [Kerharo et Adam,1974 ;
Nacoulma, 1996].

3. La famille des Nyctagynaceae et l'espèce *Boerhaavia erecta*

3.1 La famille des Nyctagynaceae

3.1.1 Présentation

Ce regroupement dont le nom signifie "famille d'especes à fleurs
s'epanouissant la nuit" est une famille de l'ordre des Caryophyllales surtout
connue pour ses espèces ornementales (*bougainvillea*, *mirabilis*). Cette famille
comporte de nombreux genres comme *Boerhaavia*, *Mirabilis*, *Bougainvillea*,
Pisonia. Ce sont soit des herbacées soit des arbustes. L'inflorescence des
bougainvilliers forme un pseudanthium avec un involucre sépaloïde et un calice
pétaloïde, les pétales sont absents. [Millogo-Rasolodimby, 2003].

3.1.2 Intérêt économique, nutritionnel et pharmacologique

Ce sont des espèces utilisées dans l'alimentation animale et humaine
(période de disette). D'autres sont utilisées comme espèces ornementales. C'est
le cas de *Mirabilis jalapa* L., *Bougainvillea spectabilis (CHOISY)* [Heuer et al.,
1994].

Les espèces de cette famille sont surtout utilisées en médecine
traditionnelle pour leurs propriétés antispasmodiques, contre l'épilepsie, comme

expectorants, comme cholagogue et cholérétique. En Inde des travaux d'activités hépatoprotectrices ont été faites sur beaucoup d'espèces de la famille [Lami et al., 1991] et ainsi des formulations à base d'extraits de racines de *Boerhaavia diffusa* sont vendues en officine (pour traiter les affections hépatiques).

3.1.3 Chimie des *Nyctagynaceae*

Divers groupes de composés ont été isolés des Nyctagynaceae. On peut citer :

- les alcaloïdes [Kadota et al., 1990 ; Lami et al., 1991 a et b].

-les alcaloïdes en faibles quantités dans les racines et les jeunes pousses de certaines espèces

[Mungatiwar et al., 1999]

- les Bétacyanines [Piattelli et Minale, 1964 a, b, c]

- les Saponines [Dogra et al.1980], les triterpènes et les Stéroïdes [Chakraborti et Hand., 1989 ; Mistra et al., 1971]

3.2 Le genre *Boerhaavia*

3.2.1 Présentation

Dédié par Linné au médecin hollandais Herman Boerhaavi (1668-1758), chimiste et botaniste célèbre, le genre *Boerhaavia* comporte de nombreuses espèces comme B. *erecta, B. diffusa, B. spectabilis, B. adscendens, B. intermedia, B. spicata etc.*

3.2.2 Propriétés pharmacologiques des Nyctagynaceae

Beaucoup d'espèces de ce genre sont utilisées comme anti-inflammatoire, anti-fibrinolytique, analgésique, antifongique et antioxydant [Castro-Mendez., 2001].Ainsi les travaux de Kumar et al.(1997 et 1999)ont montré que l'extrait méthanolique de *Boerhaavia diffusa* a une activité antioxydante (avec une CAR_{50} de 64 µg/ml). Diallo (1983) avait détecté des activités cholérétiques et diurétiques avec *Boerhaavia diffusa*.

3.2.3 Quelques composés chimiques retrouvés chez Boerhaavia.spp.

Des alcaloïdes, des aminoacides, des acides gras insaturés, des phyto-ecdysones, et des lignanes ont pu être isolés chez certaines espèces du genre *Boerhaavia* [Castro-Mendez, 2001]

3.3. L'espèce *Boerhaavia erecta* L.

3.3.1 Classification

Règne: végétal
Sous règne : plantes vasculaires
Embranchement : Spermatophytes
Sous embranchement : Angiospermes
Classe : Dicotylédones (*Magnoliopsida*)
Sous classe : *Caryophyllidae*

Ordre : Caryophyllales
Famille : Nyctagynaceae
Genre: *Boerhaavia*
Espèce : *Boerhaavia erecta* L
Nom vernaculaire (Mooré): Kater weka

3.3.2 Description botanique

Plante herbacée annuelle, dressée, atteignant 60cm de hauteur ; tiges glabres ; feuilles ovales largement aiguës au sommet, bords glauques en dessous glabres, inflorescences en panicules terminales diffuses, lâches. Fleurs blanches ; fruits obovoides, glanduleux, glabres. La pollinisation est faite par papillons et la reproduction par graines. La photo 2 ci-dessous montre illustre différents aspects botaniques de la plante. C'est une espèce pantropicale commune dans les friches et autour des villages.

3.3.3 Utilisations

La plante entière est utilisée contre le paludisme nerveux des nourrissons, les crises convulsives, les œdèmes, les dyspnées, les accouchements difficiles et les hématuries. Elle est aussi utilisée comme dépuratif, anticonvulsivant, diurétique et spasmolytique et antiallergique. Elle est consommée comme condiments en période de soudure et/ou de paludisme [Bep, 1986 ;Brown, 1995 ; Nacoulma, 1996].Des études pharmacologiques faites à Cuba sur l'espèce montrent des activités anti-inflammatoires, antifongiques, antiallergiques (contre spasme bronchial). Ces études ont également montré que les poudres de plantes entière

ainsi que les extraits aqueux ou leur lyophilisats contiennent l'essentiel des
métabolites secondaires actifs [Castro-Mendez, 2001].

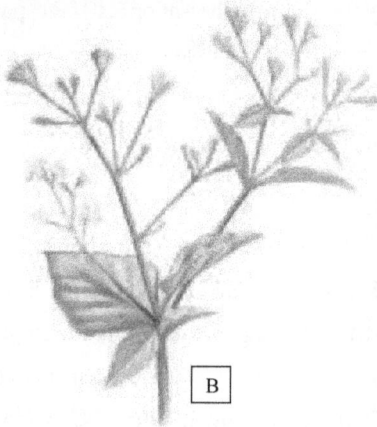

Photo (série) 2: *Boerhaavia. erecta* : jeunes spécimen (A), dessin de partie aérienne de plante
adulte en fleurs (B) et fleur (C) à Tanghin, (Ouagadougou) [Hilou A.]

3.3.4 Chimie de la plante

C'est surtout l'espèce voisine, *Boerhaavia diffusa* L. qui a fait l'objet d'études en Inde [Mishra et al., 1971 ; Kadota et al., 1988 ; 1989 ; 1990 ; 1991 ; Srivastava, 1998] où sa racine intervient beaucoup dans la pharmacopée. *Boerhaavia erecta* L. contient des phénols (tannins et flavonoïdes), triterpènes, amines, pigments [Kerharo et Adam, 1974].

CONCLUSION PARTIELLE

Cette revue bibliographique a montré que le traitement du paludisme rencontre des difficultés du fait des résistances du *Plasmodium* à certaines molécules de synthèse ; ce qui a induit un intérêt d'investigations accrues sur les espèces médicinales traditionnelles. Elle a également permis de se rendre compte que les espèces de l'ordre des Caryophyllales présentent un intérêt aussi bien en pharmacognosie qu'en nutrition dans toutes les régions du monde. Les bétalaïnes que produisent treize (13) des quinze (15) familles de cet ordre présentent un intérêt croissant à cause de leurs intéressantes propriétés biologiques et potentialités d'utilisation comme additifs alimentaires à effet thérapeutique.

Dans la médecine traditionnelle du Burkina Faso, de nombreuses espèces à bétalaïnes sont utilisées dans le traitement de maladies parasitaires (paludisme), de stress oxydant ou métabolique. Vu l'insuffisance de données d'efficacité et de sécurité d'utilisation, il y a donc nécessité d'une évaluation pharmacologique des espèces les plus utilisées afin de contribuer à leur valorisation.

DEUXIEME PARTIE :

MATERIEL ET METHODES

CHAPITRE 1 : CADRE DE L'ETUDE

1. Etudes en laboratoire

Le **La**boratoire de **Bio**chimie et de Chimie Appliquée, **LABIOCA**, de l'UFR/SVT de l'Université de Ouagadougou a servi de cadre pour la phytochimie (extractions, caractérisations, histochimie, dosage, fractionnement des extraits) ainsi que l'évaluation de l'activité antiradicalaire.

Le '**Institute of food Technology**, section Plant Foodstuff Technology, Hohenheim University de Stuttgart en République Fédérale d'Allemagne a abrité les travaux d'identification structurale (par HPLC-DAD/HPLC-ESI-MS) des molécules de phénoliques et de bétacyanines des extraits

La toxicité aiguë et l'activité antiplasmodique sur souris ont été évaluées au **Laboratoire de Parasitologie du Centre Muraz** (Centre de référence sur la Chimiorésistance du *Plasmodium*) de Bobo-Dioulasso.

2. Terrain d'enquête ethnobotanique

Le plateau central Mossi a constitué notre terrain d'enquête. Cette région située au centre du Burkina Faso, entre le $11^è$ et le $16^è$ parallèles, est une immense pénéplaine (avec une altitude moyenne de 350 m) parsemée de collines au socle précambrien fait de roches dures (granit) et de roches sédimentaires. Ce plateau est recouvert par des cuirasses ferrugineuses latéritiques et a ses versants ensevelis par leurs débris.

Le climat est caractérisé par une longue saison sèche (d'octobre à fin avril), une saison des pluies (de mai à septembre) qui devient de plus en plus brève depuis les années mille neuf cent soixante dix (1970). Le paysage végétal, d'une remarquable homogénéité et d'un rythme saisonnier, est fait d'associations végétales allant de la brousse soudanienne à *Parkia biglobosa* (néré) et à *Vitellaria paradoxa* (karité) aux feuillages caduques jusqu'à la steppe épineuse du Sahel à *Acacia ssp* et *Adansonia digitata* (baobab). Le plateau central possède quelques rivières temporaires composant le bassin du Nakambe, ainsi que des mares, lacs et retenues d'eau (Ouagadougou, Loumbila, Mogtedo, Ziga, Boulbi, etc.). Ces retenues d'eau créent des microclimats.

Pour empêcher l'érosion et surtout l'avancée du désert saharien, des politiques de reboisement sont exécutées avec l'introduction d'essences tropicales asiatiques ou Américaines.

Le plateau central abrite plus de la moitié de la population du Burkina Faso [qui faisait environ 13 millions (13 000.000), en 2005 selon les prévisions de l'INSD (2003) avec une densité moyenne de 32 habitants/km^2]. Originellement habité par les Ninissi, Samo, Nionossé, Dogon qui ont été repoussés plus au nord par les Mossi venus de Gambaga (Ghana actuel) vers la fin du 14e siècle, le plateau central à cause de Ouagadougou aujourd'hui capitale du Burkina Faso, a une population hétéroclite à dominante Mossi, où se côtoient toutes les ethnies. L'activité économique essentielle (en dehors des centres urbains) est l'agriculture de subsistance de même qu'un peu d'artisanat.

Les régions parcourues pour les besoins des enquêtes sont les provinces du Bazéga, Ganzourgou, Kadiogo, Oubritenga, Passoré et du Kourwéogo.

CHAPITRE 2 : MATERIEL

1. Matériel biologique

1.1 Matériel végétal

Les résultats de travaux antérieurs ont montré qu'*Amaranthus spinosus* L.et *Boerhaavia erecta* L. sont les deux espèces locales de l'ordre des Caryophyllales les plus fréquentes et aussi les plus utilisées traditionnellement dans la région du plateau central Mossi [Nacoulma-Ouédraogo, 1996]. Elles sont aussi parmi les plus riches en bétalaïnes de la région [Hilou, 1997].

Les tiges matures (rouges) des deux espèces ont été récoltées tout au long de l'étude entre les mois de novembre et de janvier de 1999 à 2003, dans l'aire de l'ancien jardin expérimental de l'IDR (Institut du Développement Rural) à l'Université de Ouagadougou. Les plantes récoltées ont été identifiées au Laboratoire d'Ecologie Végétale et de Botanique de l'Université de Ouagadougou par le Professeur Millogo-Rasolodimby. Des spécimens ont été déposés à l'herbier du laboratoire ci dessus cité. Les écorces rouges des tiges sont enlevées au couteau, séchées sur papier au laboratoire à une température d'environs 30° C pendant 36 heures (durée nécessaire pour un séchage convenable sans entraîner une dégradation des bétalaïnes. Les écorces sèches ont ensuite été pulvérisées avec un mortier puis conditionnées dans des emballages plastiques noires avant d'être conservées à l'abri de la lumière jusqu'à utilisation.

Pour les tests de détection des bétalaïnes dans les espèces de Caryophyllales recensées lors de l'enquête ethnobotanique, différents tissus frais (écorce, fleur, feuille, racine) ont été utilisés pour l'extraction. En général il s'est agi des parties les plus colorées (en rouge, orange ou jaune).

1.2 Animaux de test

Des souris mâles Swiss *NMRI* blanches, pesant de 28 à 32 g, âgés de huit (8) semaines, provenant de l'animalerie du CIRDES (Centre International de recherches pour le développement de l'élevage en zone de savane. Bobo-Dioulasso) ont été utilisées pour l'étude de la toxicité et pour l'évaluation antiplasmodiale des extraits. Les souris sont maintenues en salle climatisée (20°C, taux d'humidité = 75%, éclairage nocturne/obscurité diurne ; les souris étant des animaux diurnes) et nourries avec des aliments pour bétail (granules à 20% de protéines) et de l'eau de boisson propre *ad libitum*. Les animaux sont repartis en groupe de 5 souris par cage. Les souris sont gardées à l'animalerie du Centre MURAZ où ont eu lieu les tests.

Toutes les études ont été conduites en accord avec les principes et précautions internationalement admis d'utilisation d'animaux de laboratoire, tels que consignés dans les règles de l'Union Européenne [OMS, 2000]

1.3 Souches de *Plasmodium berghei*

Une souche chloroquino-sensitive de *Plasmodium berghei* originaire de l'Institut de Médecine Tropicale d'Anvers (Belgique) a été utilisée pour évaluer l'activité antiplasmodiale. La souche du parasite est maintenue en vie par réinfestation continue de souris NMRI Swiss.

2. Matériel de Laboratoire

2.1 Solvants

Des solvants usuels (hexane, éther de pétrole, chloroforme, acétate d'éthyles, acétonitrile, méthanol, éthanol et eau distillée) de grade analyse et HPLC ont été utilisés. Les solvants grade analyse ont été utilisés pour les opérations d'extraction, de fractionnement sur colonne simple. Les solvants HPLC étant réservés aux analyses HPLC.

2.2 Réactifs

Acide Trifluoro Acétique (TFA), Acide chlorhydrique (HCl), Ammoniaque (NH$_4$OH), soude (NaOH), Chlorure ferrique (FeCl$_3$), ABTS (2,2'-AzinoBis (3-ethylbenzoThiazoline-6 Sulfonique Acide), Acide formique, Acide acétique, tampons phosphate (pH 1 à pH 12).

EDTA, Eau pour préparation injectable, réactif de Field.

Réactif de Folin-Ciocalteu, Réactif de Meyer, Réactif de Dragendorff, Méthyl-2 butanol, Dichlorophenol-indophénol, Ninhydrine, Na$_2$CO$_3$, Iode bi-sublimé.

2.3 Substances de référence

- Phénoliques : Catéchine, acide chlorogénique, isorhamnethine3-O rutinoside, Procyanidine B1, quercetine-3-O glucoside, quercetine –3-O rutinoside, acide p-coumarique, acide ferulique, kaempférol, acides caféique, acide vanillique, syringique, sinapique.(de Extrasynthese, Lyon, France).

- Acides aminés et amines biogènes : Tyrosine, Proline, Methionine, Glutamine, β-Alanine, Dopa, cyclo-Dopa, Ornithine, *cyclo*-dopamine, Acide aspartique, Tyramine, methylProline, dopamine (de Roth, Karlsruhe, Allemagne)

- Bétalaïnes: Bétanine, Amaranthine

- colorant synthétique : Amaranthe

- Acides organiques : acides α-cétoglutarique, acide oxalique, acide nicotinique (de Roth, Karlsruhe, Allemagne).

2.4 Supports d'analyse

Coton, gels DOWEX, Gels Sephadex, Polyamide, Cellulose, Plaque CCM Analytique cellulose, Papier filtre Wathman No 1

2.5 Appareillage

2.5.1 Appareillage non HPLC

Autoclave, lampe UV

Centrifugeuse de paillasse (Jouan, USA)

Compteur de cellules au microscope.

Bain-marie Büchi (R-124)

Balance analytique : Adventurer 310G

Evaporateur rotatif muni d'une pompe à vide : Büchi R124

Extracteur complet de type Soxhlet ; Lyophilisateur Christ-alpha 1-6

Réfrigérateurs ; pH mètre (Consort P400, Belgique)

Appareil photo numérique

Colonnes de chromatographie

Microscope couplé à un appareil photo : Olympus ch 30, Olympus sc35 type 12

Spectrophotomètre/colorimètre Perkin Elmer

Spectrophotomètres SAFAS 190 DES, SEQUOIA Turner model 340

2.5 2 Système HPLC pour l'analyse des phénoliques

HPLC Agilent 1100, logiciel Chemstation ; dégazeur G1322A ; Pompe G1312A, passeur automatique thermostaté G1329/1330, Auvent de colonne G1316A, détecteur à barrette d'iode (DAD) G1315A, Colonne Aqua 5μm C_{18} (250mm X 4,6mm) et pré-colonne ODS C_{18} (4mmX3mm).

2.5.3 Système HPLC pour l'analyse des bétalaïnes

Système HPLC Merck équipé de : Pompe L-7100, Module d'interface : D-7000, auvent de colonne : L-7350 ; détecteur à barrette d'iode (DAD) L-7450A, Passeur automatique : L-7200 ;

Colonne (250mmX3mm) LUNA $C_{18(2)}$, particules de 5μm, Pré-colonne ODS C_{18} (4mmX3 mm).

2.5.4 Système HPLC pour la spectrométrie de masse

Système HPLC Agilent 1100 connecté au spectromètre de masse (BRUCKER Esquire 3000+ ion trap) avec une source d'ionisation (ESI).

2.6 Petite Verrerie et petit matériel

Béchers, ballons, fioles, éprouvettes, lames porte-objets, tubes héparinés, seringues, etc.

CHAPITRE 3 : METHODES

1. Enquête ethnobotanique

Il s'est agi de rechercher l'importance des espèces de l'ordre des Caryophyllales (et surtout de celles qui produisent des bétalaïnes), dans les usages médicinaux et/ou alimentaires des populations du plateau central du Burkina Faso. L'enquête a consisté à interroger plusieurs personnes (50 personnes) parmi lesquelles on peut citer, des tradipraticiens, des mères de famille en ville (d'au moins 50 ans), des vendeurs de plantes médicinales et herboristes des marchés de la ville de Ouagadougou. Une recette (ou la plante principale qui la compose) est retenue lorsque au moins 50% des enquêtés reconnaissent son efficacité dans le traitement d'une maladie donnée. Nous avons insisté sur les recettes concernant les maladies efficacement traitées (et qui sont à base ou à majorité constituée par les espèces de l'ordre des Caryophyllales), les rituels de la cueillette, les parties utilisées, ainsi que les formes de préparation.

L'enquêté est invité à répondre de façon exhaustive à un questionnaire (Annexe II). Cet entretien semi-direct se fait dans la langue de choix de l'enquêté (généralement en Moore qui est la langue autochtone).

Le groupe de 50 personnes enquêtées comporte 15 (soit 30%) tradithérapeutes (vivant généralement dans les villages), 20 (soit 40%) herboristes et vendeurs de plantes (retrouvés en ville) et 15 (soit 30%) mères de familles (âgées d'au moins 50 ans).

Le questionnaire utilisé lors de l'enquête figure en annexe II à la fin du document

2. Etudes phytochimiques

2.1 Détermination de la teneur en eau et en minéraux

Un échantillon de plante fraîche est séché jusqu'à ce que sa masse devienne stable. Cette dernière masse est déterminée.

Deux (2) g de matière sèche sont introduits dans le four qui est porté à une température de 550° C pendant 3h. L'échantillon est ensuite introduit dans un dessiccateur jusqu'à l'obtention d'un poids constant. Le pourcentage en cendres totales est donné par la relation suivante :

$$\text{Cendres totales (\%)} = \frac{MC}{PE} \times 100$$

MC= masse de cendres brutes

PE = masse de la prise d'essai

2.2 Histochimie

Les études histochimiques permettent la localisation tissulaire (parenchymes) de métabolites secondaires. Des coupes histochimiques ont ainsi été réalisées sur des tiges jeunes fraîchement récoltées d'*Amaranthus spinosus* et de *Boerhaavia erecta* pour l'identification des tissus et la détection de métabolites secondaires (bétalaïnes et cristaux d'acides organiques).

Pour la reconnaissance des différents tissus, les coupes transversales sont mises à tremper dans de l'eau de javel pendant 10 à 15 min (afin de détruire le contenu cellulaire) puis rincées à trois reprises. Ensuite un trempage de cinq (5) minutes dans de l'acide acétique (à 20%) permet d'éliminer le résidu d'eau de javel qui autrement détruirait le Carmino-vert de Mirande. Après un rinçage les coupes sont trempées dans le Carmino-vert de Mirande (cinq minutes) et rincées à l'eau distillée. Les observations au microscope optique ont été faites dans une goutte de glycérine entre lame et lamelle à l'objectif X40.

Les cellules qui gardent une paroi pecto-cellulosique sont alors colorées en rose (rose pale pour le parenchyme, rose vif pour le phloème et rose violacé pour le collenchyme) ;

Par contre les cellules qui ont des parois lignifiées sont colorées en vert (vert pour le xylème, bleu-vert pour le sclérenchyme, vert jaunâtre pour l'épiderme et le suber).

Dans ces montages on peut voir les cristaux de certains acides organiques quand ils y existent.

Pour la détection des bétalaïnes les coupes (transversales et longitudinales) sont montées dans divers milieux (eau distillée, HCl ou NaOH) puis observées aux objectifs 10 et/ou 40. Dans l'eau les bétalaïnes gardent leur coloration naturelle (rouge, jaune ou orange). En milieu alcalin les bétalaïnes se colorent en jaune tandis qu'en milieu acide elles deviennent bleues.

2.3 Détection et criblage des métabolites secondaires

2.3.1 Détection des bétalaïnes

Afin de vérifier l'appartenance des espèces récoltées (après l'enquête ethnobotanique) à l'ordre des Caryophyllales nous avons recherché le métabolite secondaire chimiotaxonomique caractéristique de cet ordre à savoir les bétalaïnes.

Nous avons récolté les espèces de l'ordre des Caryophyllales (composant les recettes répertoriées), procédé à leur étude biologique (botanique, pigmentation). Sur des extraits de ces plantes le test de détection de bétalaïnes a été réalisé.

Le matériel végétal (écorce, tige, racine, fleur ou feuille homogénéisé) est soumis à une extraction aqueuse pendant au moins 15 minutes (avec de l'eau distillée contenant 50mM d'acide ascorbique) dans un rapport 1/5 (masse de matériel végétal/volume de solvant).

La détection des bétalaïnes se fait selon la méthode de double test décrite par STEGLICH (Steglich et Strack., 1990).

Premier test : à un (1) ml d'extrait, 0,5 ml de HCl (10N) est ajouté. Ce test est dit positif si la coloration vire au bleu (ou violet).

Deuxième test : à un (1) ml d'extrait, 0,5 de NaOH (10N) est ajouté. Ce test est dit positif si la coloration vire au jaune.

2.3.2 Criblage pour les autres métabolites secondaires

En plus des bétalaïnes métabolites caractéristiques de l'ordre des Caryophyllales, le criblage phytochimique a été entrepris pour rechercher d'autres familles de composés chimiques présents dans les plantes étudiées. Selon les données obtenues par l'enquête ethnobotanique seules les parties aériennes des plantes, réduites en poudre ont été utilisées. A l'exception des acides organiques et des acides aminés, les procédures utilisées sont celles de Ciulei (1982) :

Test de Dragendorff (à confirmer par celui de Meyer) pour les alcaloïdes, test de Shibata pour les flavonoïdes, test de mousse pour les saponosides, test au $FeCl_3$ pour les tannins, test de Bornträger pour les quinones, test de Liebermann/Buchard pour les stéroïdes et terpènes, test de Carr-Price pour les caroténoïdes, et le test des polyuronides, test de changement de coloration en fonction du pH pour les anthocyanes. Quant aux acides organiques et acides aminés ils sont recherchés dans les extraits selon les méthodes d'Oven et al. (2002), pour ces deux types de composés. L'annexe I (à la fin du document) détaille les méthodes de criblages phytochimiques.

2.4 Extractions et dosage des bétalaïnes et des phénoliques totaux

La plupart des phénoliques sont plus ou moins solubles dans les alcools (éthanol, méthanol) additionnés d'eau (pourcentage variable). Les bétacyanines (généralement sous forme d'hétérosides) sont aussi hydrosolubles.

Pour le dosage des phénoliques totaux nous avons fait une extraction avec de l'acétone aqueux (70%). Pour les bétacyanines trois types d'extractions ; aqueuse (eau distillée), hydrométhanolique, et décoction ont été utilisées.

2.4.1 Dosage des bétalaïnes

Nilsson (1970) fut le premier à développer une méthode pour quantifier aussi bien les bétacyanines rouges que les bétaxanthines jaunes de *Beta vulgaris* sans une séparation préalable de ces pigments. Leur détermination quantitative fut basée sur la spectrophotométrie d'absorption par laquelle l'absorption à la longueur d'onde d'absorption maximale (λmax) est convertie en concentration en utilisant le coefficient d'absorption approprié.

Extraction : dix grammes (10g) de poudre d'écorces séchées sont extraits avec 100 ml d'une solution hydrométhanolique (à 70%) contenant 250mM d'acide ascorbique. L'extraction est répétée jusqu'à épuisement total des bétalaïnes (disparition de la coloration rouge). Les extraits combinés sont ensuite filtrés et centrifugés (à 10000rpm). Après décantation, les extraits sont concentrés au rotavapor à pression réduite (à 35° C) et conservés à froid et à l'obscurité pour des analyses ultérieures.

Des solutions aqueuses sont préparées à partir des extraits précédents et les spectres d'absorption dans l'UV-visible (200-700nm) sont enregistrées avec un spectrophotomètre (SAFAS 190 DES) [Annexe I]. Pour les deux espèces, les spectres des extraits montrent un pic d'absorption centré dans la zone 535-542 nm, ce qui correspond aux bétacyanines selon Von Elbe et Goldman (2000).

La détermination la teneur en bétalaïnes est faite en utilisant les valeurs (connues) de longueur d'onde d'absorbance maximum des bétacyanines des deux espèces : 536 nm pour *A. spinosus* et 538 pour *B. erecta*. Les spectres UV-visibles enregistrés sont présentés en annexe I.

Dans les deux cas la solution aqueuse de bétalaïnes est diluée avec du tampon (citrate-phosphate pH 5,5) pour avoir une valeur d'absorption comprise entre 0,8 et 1. La teneur en bétacyanines est calculée en appliquant la relation suivante :

CB= (A x Ve x (FD) x (PM) x 100/ε L Ma

CB = concentration massique en bétalaïnes (g/100g de matière sèche) ; FD : facteur de dilution

A = : valeur d'absorption à la longueur d'onde d'absorption maximale ; Ve= volume total d'extrait ;

L = : largeur de la cuve (1 cm) contenant l'extrait ; Ma = masse de matière sèche extraite en g

ε (absorptivité molaire) = 56600 cm^{-1} mol^{-1} l (amaranthine) et ε = 60000 cm^{-1} x mol^{-1} l, (bétanine)

PM : masse molaire de bétalaïnes (550g/mol pour *B. erecta* et 726 g /mol pour *A. spinosus*)

La teneur en bétalaïnes est exprimée selon l'espèce comme suit :

Pour *A. spinosus* : en g Equivalent-amaranthine par 100g de matière sèche

Pour *B. erecta* : g Equivalent-bétanine par 100 g de matière sèche

2.4.2 Dosage des phénoliques totaux

La méthode photométrique avec le réactif de Folin-Ciocalteu, comme décrite par Heinonen et collaborateurs (1998), a été utilisée. Elle permet d'évaluer l'ensemble des composés phénoliques réducteurs du réactif phosphomolybdotungtique.

Extraction : dix grammes (10 g) de matière sont extraits avec 100 ml d'acétone aqueux 70% (avec agitation magnétique) pendant 2 heures, à trois reprises. Les extraits réunis, sont filtrés et concentrés dans un évaporateur rotatif muni d'une pompe à vide. Les solutions obtenues ont été lyophilisées et les résidus sont conservés pour les analyses.

Ensuite, 0,2 ml d'extrait dilué (par dilution d'une solution de lyophilisat dans du méthanol) sont mis dans un tube à essai, puis on y ajoute 1 ml de réactif de Folin-Ciocalteu et enfin 0,8 ml de sodium carbonate (7,5%). Le mélange est laissé en incubation pendant 30 min. L'absorption à 765 nm est lue avec un spectrophotomètre (SEQUOIA Turner 340). La teneur en phénoliques totaux est exprimée comme équivalent d'acide gallique (EAG) en milligramme par kg de matière sèche avec une courbe de calibration (obtenue en utilisant 10, 100, 200, 300, et 400 mg/l d'acide gallique respectivement).

2.5 Séparation des extraits et identification des composés phénoliques et bétacyanines

Nous avons utilisé deux méthodes de fractionnement des extraits selon que les analyses postérieures (d'identification moléculaire) allaient être faites sur colonne de chromatographie liquide à basse pression ou au HPLC.

2.5.1 Séparation et identification (préliminaire) des bétacyanines des deux espèces.

Il s'est agi de séparer les bétacyanines (des autres groupes chimiques des extraits) puis de fractionner ces bétacyanines purifiées afin de faire une caractérisation préliminaire (avant celle par HPLC).

2.5.1.1 Fractionnement de l'extrait

La méthode utilisée est une combinaison de la méthode de fractionnement par extraction [Bilyk, 1979] et de celle par gel filtration [Colomas, 1977,1978]. Le fractionnement est fait avec quinze grammes d'un lyophilisat d'extrait aqueux centrifugé (100 g de poudre d'écorces extraits avec deux litres d'eau distillée), par une série d'extractions solide –liquide, dans une ampoule à décanter, suivant le schéma de la figure 29 ci –dessous :

500 ml d'éthanol bouillant (100ml X5 fois) ont été utilisés. Les fractions obtenues ont ensuite été combinées et conservées au congélateur.

Sur le mac d'extraction (débarrassé des bétaxanthines) une série d'extraction supplémentaires du solvant hydrométhanolique acidifié a été entreprise comme suit:

- Premièrement : le résidu est extrait avec 2X50 ml de méthanol 95% (à 1 % de TFA)

- Deuxièmement : le résidu est extrait avec 3X50 ml de méthanol 95% (à 0,5% de TFA)

- Troisièmement : le résidu est extrait avec 4X50ml de méthanol 95% avec 0,4% de TFA)

Les trois extraits ont été neutralisés avec du NaOH dilué (0,25N) puis concentrés sous pression réduite (à 30°C).

2.5.1.2 Purification et séparation des bétacyanines

La phase bétacyanique (extraite avec le solvant hydro-alcoolique acidifié) a par la suite, été débarrassée des substances de déchet. Ainsi les composés lipophiles ont été enlevés grâce à une extraction liquide-liquide avec de l'acétate d'éthyle.

Ensuite une chromatographie sur colonne de gel-perméation (DOWEX 50W-X2, forme H+) a été entreprise. La colonne, remplie avec la 'bouillie' obtenue par le mélange du gel avec l'eau, est rincée jusqu'à ce que l'éluat devienne clair. L'extrait de bétalaïnes concentré, ajusté à pH 3 a ensuite été adsorbé sur la colonne. Une élution préliminaire avec une solution de TFA 0,1% a permis d'enlever le reste de sucres, de sels et autres composés polaires. L'élution avec de l'eau distillée a donné les bétacyanines purifiées. Ces bétacyanines ont été concentrées à pression réduite et conservées pour les analyses ultérieures.

La fraction de bétacyanines purifiées a par la suite été séparée en ses sous classes en utilisant une chromatographie sur gel de Sephadex LH-20. Le Sephadex LH-20 par ses fonctions apolaires greffées permet une élution par ordre de polarité décroissante. De même le Sephadex fonctionne aussi comme tamis de gel filtration. Le gel est équilibré durant une nuit avec du méthanol pur avant le remplissage. La colonne a été voilée avec du papier aluminium afin de limiter l'exposition à l'effet des radiations lumineuses durant la séparation. Ensuite le gel est rincé avec du méthanol puis équilibré avec de l'eau distillée acide (pH 2 avec TFA) et 1 ml de solution concentrée (ajusté à pH 2) a été appliqué au sommet de la colonne (45cmX2cm). Puis la colonne a été éluée avec de l'eau distillée acide (pH 2) avec un débit réglé à 6 ml/heure. L'élution est poursuivie ensuite avec de l'eau distillée neutre, puis différents gradients (de 20 à 100%) de méthanol aqueux. Des fractions de 1 ml sont récupérées dans des tubes à essai et placées dans une enceinte réfrigérée.

2.5.1.3 Essai d'identification des bétacyanines.

Deux méthodes ont été utilisées pour identifier les bétacyanines contenues dans les extraits des deux espèces :

2.5.1.3.1 Chromatographie colonne sur Sephadex LH-20 :

Les fractions de bétacyanines ont enfin été concentrées et conservées à basse température et à l'abri de la lumière. Sur ces fractions ont été pratiqués les tests chimiques (changement de coloration en fonction du pH). Des essais d'identification par élution chromatographique sur colonne de Sephadex ont été faits en utilisant les bétacyanines de référence (bétanine et amaranthine).

2.5.1.3.2 Chromatographie sur couche mince de cellulose

La méthode de Bilyk (1979) a été utilisée : Des plaques chromatographiques de cellulose 0,5 mm ('Avicel', 0,5 mm) on été utilisées. Les dépôts sont faits avec une solution hydrométhanolique concentrée de bétacyanines. La cuve de développement est recouverte de papier aluminium et munie d'un couvercle étanche. Le tableau 4 donne les compositions des deux types d'éluant qui ont été utilisés.

Tableau 4: Compositions des éluants de CCM de bétalaïnes [Bilyk, 1979]

solvant	Eluant I	Eluant II
Isopropanol	55	30
Ethanol	20	35
Eau distillée	20	30
Acide acétique	5	5

```
                          ┌────────────────────────────────┐
                          │   extraction d'ecorces de tiges │
                          └────────────────────────────────┘
                                          │
                                          ▼
                              ┌──────────────────┐
                              │   Lyophilisat    │
                              └──────────────────┘
                      extraction avec EtOH bouillant
              ┌───────────┐                              ┌────────────────────────┐
              │    Mac    │                              │   phase alcoolique     │
              └───────────┘                              └────────────────────────┘
      extraction avec MeOH
  ┌──────────────────────────┐              ┌──────────────────────────────────┐
  │  fraction à betacyanines │              │  Mac2 (impuretés hydrosolubles)  │
  └──────────────────────────┘              └──────────────────────────────────┘
      extractiona avec acétate d'ethyle      ┌──────────────────┐
                                             │   phase ACOET    │
  ┌──────────────────────────┐              └──────────────────┘
  │     phase polaire        │
  │ (bétacyanines délipidées)│
  └──────────────────────────┘
      chromatographie sur gel de Dowex
  ┌──────────────────────────┐
  │  bétacyanines purifiées  │
  └──────────────────────────┘
      Chromatographie sur gel de sephadex
  ┌──────────────────────────┐
  │  fractions bétacyaniques │
  └──────────────────────────┘
```

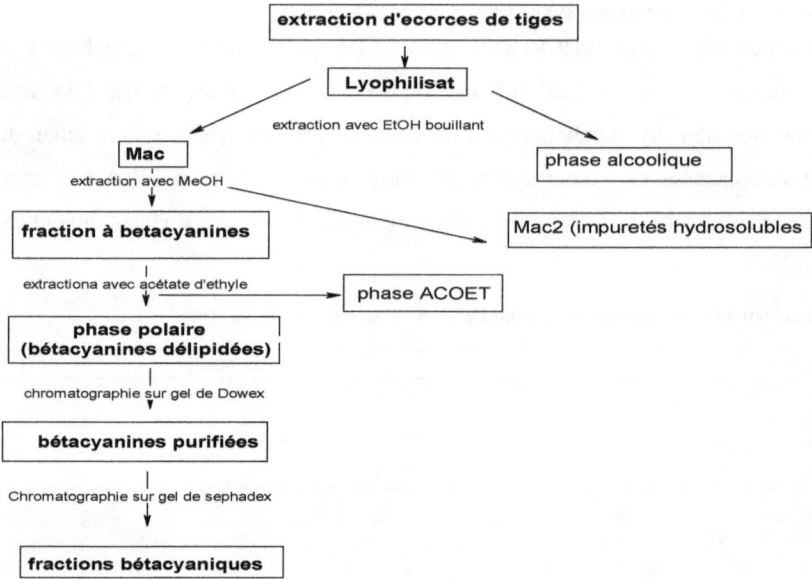

Figure 29: Schéma de fractionnement des extraits

2.5.2 Séparation préliminaire à l'analyse HPLC des extraits

Un fractionnement liquide-liquide a été fait sur une solution aqueuse de lyophilisat d'extrait aqueux (100 g de poudre d'écorces extraites à deux reprises avec 500ml d'eau distillée sous agitation magnétique pendant une heure) concentré à pression réduite. L'extraction liquide-liquide de la solution avec de l'acétate d'éthyle (préalablement ajusté à pH 2 avec du TFA) a permis de séparer les bétalaïnes des autres composés phénoliques ; la phase aqueuse retenant les bétalaïnes tandis que la phase lipophile (acétate d'éthyle) extrait les composés phénoliques *sensu stricto*.

Les fractions obtenues ont été traitées différemment par la suite. La fraction colorée est ajustée à pH 6 avec de l'ammoniaque (1,5 M NH₄OH) afin d'assurer une stabilité optimum aux bétalaïnes puis concentrée à vide à la température ambiante pour atteindre des concentrations suffisantes pour les analyses HPLC et MS. L'élimination des phénoliques des bétalaïnes améliore la qualité du spectre de masse des bétalaïnes car cela évite les co-élutions [Stintzing et Carle, 2004]. Les composés phénoliques ont été concentrés par évaporation de l'acétate d'éthyle sous vide jusqu'à sec et dissous dans 5 ml de MEOH pour des analyses ultérieures.

2.5.3 Détermination HPLC des phénoliques et des bétacyanines des extraits

Des analyses chromatographiques (HPLC-DAD-ESI/MS) peuvent permettre d'établir le profil (en phénoliques et en bétalaïnes) des extraits. Les composés individuels des fractions d'un extrait sont identifiés sur la base de leur temps de rétention et de leur spectre UV-visible enregistrés à l'aide du détecteur à barrette d'iode (DAD), puis par analyse de leurs fragments par (MS).

2.5.3.1 Analyse HPLC des composés phénoliques

2.5.3.1.1 La séparation des composés phénoliques

Elle a été faite avec un appareil de HPLC de type Agilent de série 1100 (de Agilent, Waldbronn, Allemagne) équipé d'un logiciel Chemstation, d'un dégazeur de model G1322A, d'une pompe de gradient binaire de model G1312A, d'un injecteur automatique thermostaté de model G1329/1330A, d'un four pour colonne de model G1316A, d'un détecteur à barrettes diode de model G1315A. La colonne utilisée est de type Aqua 5µm C18 (250 x 4,6 mm ID) (de Phenomenex, Torrance, CA, USA) avec une pré-colonne C18 ODS (4x3,0 mm I.D.). La manipulation est faite à la température de 25°C. La phase mobile consiste en 2% (v/v) d'acide acétique dans de l'eau (éluant A) et de 0,5%

d'acide acétique dans un mélange d'eau et d'acétonitrile (50 :50 v/v ; éluant B). Le programme de gradient a été le suivant :10%B à 30%B (10min) ; 30%B isocratique (5min) ; 30% B à 46,5% B (30min) ; 46,5% B à 100% B (5min) ; 100% B isocratique (5min) ; 100%B à 10% B (2min) pour *A. spinosus* et 10%B à 30% B (15min), 30% B isocratique (5min), 30% B à 55% B (40min), 55% B à 100% B (15min),100% B isocratique (8min) , 100% B à 10%B (2min) pour *B. erecta*. Les volumes d'injection pour tous les échantillons vont de 2 à 10 μl. Un suivi simultané a été fait à 280nm (flavanols) ; 320 nm (acides hydroxycinnamiques) et à 370 (flavonoles) avec une vitesse d'élution de 1ml/min. Les spectres UV-visibles des fractions ont été enregistrés entre 200 et 600nm.

2.5.3.1.2 Dosage des substances phénoliques :

Les composés phénoliques individuels identifiés ont été quantifiés en utilisant les courbes de d'étalonnage des composés de référence respectifs (Catéchine, acide chlorogénique, isorhamnethine3-O rutinoside, Procyanidine B1, quercetine-3-O glucoside, quercetine –3-O rutinoside, acide p-coumarique, acide ferulique, kaempférol, acide caféique). La quantification des autres substances est obtenue en utilisant les courbes de calibration de composés apparentés avec un facteur de correction des poids moléculaires selon la méthode de Chandra et Rama (2001).

2.5.3.2 Analyse HPLC des bétacyanines

2.5.3.2.1 Séparation des bétacyanines :

Elles ont été faites avec un système HPLC (Merck, Darmstadt, Allemagne) équipé d'un injecteur automatique de type L-7200, d'un module d'interface de type D-7000, d'une pompe L-7100, d'un four de colonne de type L-7350, d'un module de rafraîchissement de type Peltier, d'un détecteur à barrettes d'iode de type L-7450A. La séparation de toutes les bétalaïnes a été faite à 25°C avec une vitesse d'élution de 1ml/min en utilisant une colonne (250x3mm ID) de type

Luna C18 (2) à phase inversée, avec des grains de diamètre 5µm (de Phenomenex, Torrance, CA,USA) équipé d'une pré-colonne C18 de type ODS (4x3,0 mm ID). L'éluant A est constitué de 1% (v/v) d'acide formique dans de l'eau, tandis que celui B est un mélange d'acétonitrile /eau (80/20 v/v) est utilisé comme éluant B. En commençant avec 5%B dans A à 0 min, un gradient linéaire est suivi jusqu'à 30%B dans A à 35 min. Le suivi est fait à 538 nm pour les bétacyanines.

2.5.3.2.2 Le dosage des bétacyanines

Le dosage des bétacyanines (sans suppression préalable des composés phénoliques) a été fait en utilisant un spectrophotomètre UV-visible (Perkin-Elmer, Uberlingen, Allemagne) équipé d'un logiciel UV-visible (UVWinlab V2. 85.04). Les échantillons sont dilués avec un tampon phosphate 0,05M (pH 6,5) (Schwartz et al., 11981; Stintzing et al. 2003). On utilise les coefficients d'extinction molaire suivants :

Pour la Bétanine [Stintzing et al., 2003]
E (coefficient d'absorption molaire) = 60000l/mol x cm,
λmax. = 538 nm,
PM= 550g/mol pour la Bétanine, selon Wyler et Meuer 1979) ;
Pour la Néobétanine [Wyler et- al., 1979]
E= 18200l/mol x cm,
λmax = 476nm,
PM = 548 g/mole
Pour l'Amaranthine Piattelli et al. 1969, Schwartz et al. 1981]
E= 56600l/ mol x cm,
λmax. = 538nm, **PM**= 726g/mol

2.5.3.3 Analyses HPLC /MS pour identification des composés

Les analyses par HPLC, suivies de spectrométrie de masse (MS) de fragments des composés, ont été faites avec le system HPLC décrit pour la séparation HPLC des composés phénoliques.

Le système HPLC a été connecté en série avec un spectromètre de masse de type Bruker (de Brême, Allemagne) de model Esquire 3000 $^{+}$ Ion Trap, connecté à une source ESI (Electro spray ionization).

La spectrométrie de masse (SM) à anion a été faite pour les composés phénoliques (dans la rangée de m/z allant de 50 à 1000) à l'exception des bétalaïnes (dans la rangée m/z 50- 1000) qui ont été analysées avec le mode d'ionisation positive. L'azote a été utilisé comme gaz de séchage avec un rythme d'écoulement de 12 l/min et une pression de 70 psi.

La température de nébulisation a été mise à 365°C. En utilisant l'hélium comme gaz de collision (4,1x 10^{-6} mbar). Le spectre de dissociation induite par collision est obtenu avec une amplitude de fragmentation de 1,2 V (MS/MS) pour aussi bien les bétalaïnes que les composés phénoliques et de 1,6 V (SM3) pour les composés phénoliques seuls.

L'acide chlorogénique, la Quercetine 3 – O – glucoside et la Procyanidine B1 ont été utilisés pour l'optimisation des paramètres d'ionisation pour les analyses CL- SM.

3. Evaluation des propriétés pigmentaires des extraits

Selon la théorie trichromatique de la vision des couleurs (rouge, bleu, vert) chaque couleur est une somme paramétrique du rouge (700 nm) du vert (550nm) et du bleu (430nm), chacun étant affecté d'un coefficient (a, b, c respectivement) [Cheftel et al., 1977 ; Schulz, 1996]

A l'aide d'instruments (spectrophotomètre, colorimètre), on peut identifier et mesurer objectivement les couleurs des solutions d'extraits et les caractériser par des chiffres.

3.1 Mesures des couleurs des extraits

Les surnageants de filtrats centrifugés d'extraits (5g de poudre d'écorces extraite deux fois avec 25 ml d'eau distillée) ont été dilués avec du tampon citrate-phosphate (pH 6) de manière à obtenir une valeur de D.O comprise entre 0,85 et 0,95 (aux λmax de 536 nm et de 538nm respectivement pour *A. spinosus* et *B. erecta*), et utilisés pour déterminer les paramètres L*, a*, b*.

Ces paramètres de coloration sont mesurés avec un spectromètre (Perkin-Elmer équipé du logiciel d'analyse tinctoriale Wincol V 2.05) selon la méthode de la Commission Internationale d'éclairage (CIE). En utilisant l'illuminant D_{65} et l'angle d'observation de 10 degrés, le chroma métrique (C*) et l'angle de teinte (H°) sont déterminés par la transformation des coordonnées cartésiennes de a* et b* en coordonnées polaires selon la relation :

$C* = (a*^2 + b*^2)^{1/2}$ et $H° = \arctan (b*/a*)$.

3.2 Détermination de paramètres physico-chimiques de stabilité des extraits

Pour l'estimation de la stabilité des pigments des extraits dans diverses conditions expérimentales, on a utilisé la méthode de Pasch et al. (1974). Cette méthode est basée sur le fait que la dégradation des bétacyanines se fait selon une cinétique d'ordre un (1), avec une énergie d'activation (Ea) égale à 12,5 kcal/mol à 25°C. Dans l'étude des réactions du premier ordre on peut déterminer le temps de demi-réaction ou temps de demi-vie (T½), qui est le temps au bout duquel la moitié des molécules (de bétacyanines) initialement présentes dans un milieu réactionnel est dégradée.

Cela se traduit par les relations suivantes :

$$\frac{(DO)_t}{(DO)_{to}} = \frac{a_t}{a_o}$$

$(DO)_{to}$ = densité optique mesurée à l'instant de départ (to).
$(DO)_t$ = densité optique mesurée à l'instant (t).
a_o. = concentration en bétacyanine à l'instant de départ.
a_t = concentration en bétacyanine à l'instant (t).
En cinétique d'ordre un (1) on a aussi la relation suivante : $2,3\log (a_t/ao) = -kt$ (1)
k est la constante de vitesse de la réaction de dégradation.

A T½, la moitié des bétacyanines est dégradée, on a alors (at/a$_o$) = 0,5

Donc (d'après la relation 1) : 2,3log(0,5) = -k T½ $\Leftrightarrow$ T½ = 2,3log(0,5)/-k

Ainsi la valeur du temps de demi-vie (T½) peut être utilisée comme élément de comparaison de la stabilité relative des bétacyanines d'un échantillon donné par rapport à un témoin. Des prélèvements sont faits toutes les 15 minutes dans les milieux réactionnels en vue d'un dosage spectrophotométrique. Les résultats obtenus permettent de tracer une droite d'équation (avec un coefficient de corrélation de 0,94) :

2,3log (DO$_t$/ DO$_o$) = f (temps). La pente de cette droite vaut -k.

Les densités optiques sont mesurées avec un spectrophotomètre SEQUOIA Turner 340.

Pour chacune des deux espèces 100g d'écorces ont été extraits par macération avec deux litres de solutions méthanol/eau (70/30). Les surnagéants des filtrats centrifugés des extraits ont été concentrés (à pression réduite) puis lyophilisés. Des solutions (10^{-3} g/ml) ont été préparées à partir des lyophilisats ainsi obtenus.

Pour l'étude de l'effet du pH des solutions tampons phosphate 0,1 M de pH variable ont été utilisées pour préparer les solutions de bétacyanines. Dans les autres cas on a utilisé les tampons suivants : tampon phosphate 0,1 M, pH 5,2 pour *Amaranthus spinosus* et pH 5,8 pour *Boerhaavia erecta*.

Un bain-marie thermostaté Buchi Water Bath B-480 a servi lors de l'évaluation thermique.

Les additifs chimiques suivants ont été utilisés à différentes concentrations : acides organiques (lactique, acétique) ; sels métalliques (FeCl$_3$, CuSO$_4$) ; antioxydants (acide ascorbique, acide isoascorbique, α-tocophérol) et séquestrants (citrate de sodium, Na$_2$EDTA).

4. Etude d'activités biologiques d'extraits d'*A.spinosus* et de *B. erecta*

4.1 Etude de la toxicité générale des extraits

Il s'est agi d'évaluer la toxicité générale aiguë (24 h) de décoctés des deux plantes sur des souris. Les résultats attendus (DL_{50}) devaient permettre d'identifier la gamme de doses d'extraits tolérable par les souris, lors de l'évaluation *in vivo* de l'activité antiplasmodiale sur *Plasmodium berghei*. Ne disposant d'aucune donnée bibliographique sur la toxicité de ces extraits, nous avons dû faire successivement un test d'orientation, un test d'approche et enfin le test proprement-dit de détermination des doses létales caractéristiques (DL_{50}).

Pour le test d'orientation nous avons utilisé cinq (5) lots de 5 souris Swiss NMRI avec les doses suivantes : 0,1 mg /kg ; 1mg/kg ; 100mg/kg ; 1000mg/kg.). Les animaux ont été mis en diète 12 heures avant le test. L'injection du produit a été faite par voie intra péritonéale. Les animaux ont été observés durant 24 heures.

Pour le test d'approche : nous avons pris la plus faible dose ayant entraîné la mort lors du test d'orientation comme dose la plus élevée. On a vérifié qu'il n'y avait pas de mort à des doses inférieures à celle ci en utilisant 4 lots de 3 souris. L'absence de mort aux doses inférieures à celle-ci, montre que cette dose est la dose minimale qui provoque une mort.

Pour la détermination proprement dite de la DL_{50}, deux valeurs particulières ont été considérées ; la plus faible dose ayant entraîné la mort et la plus faible dose entraînant la mort de toutes les souris. Entre ces deux doses on teste 5 concentrations échelonnées (avec 6 lots de 5 souris).

L'indice de sécurité d'utilisation des extraits a été déterminé par le rapport de la DL_{90} sur la DL_1 (i= DL_{99}/DL_1).

4.2 Evaluation de l'activité antiplasmodiale des extraits

Afin de vérifier le bien fondé ou non des utilisations traditionnelles des deux espèces dans le traitement du paludisme nous avons fait un test antiplasmodial *in vivo*. Nous avons utilisé une souche chloroquino-sensitive de *Plasmodium bergheii sur des* souris mâles Swiss *NMRI*

Pour cette évaluation, des lyophilisats de filtrats centrifugés de décoction (1/10 m/v, pendant 15 min) de poudres d'écorces des deux plantes ont été utilisés.

L'inoculum constitué d'érythrocytes parasités a été obtenu à partir de souris infestées donneuses, par ponction cardiaque dans un tube hépariné, puis dilué avec du sang de souris mâles saines de même âge. Les souris des lots test sont infestées par voie intra-péritonéale avec 0,2 ml de sang infesté dilué contenant en moyenne 10^6 érythrocytes parasités. Le premier jour (D_0) les souris sont réparties, après infestation, en lot de cinq (5).

L'activité schizonticide sanguine des différentes doses d'extraits a été déterminée par rapport à un lot témoin ne recevant pas d'extraits. Le protocole du test est basé sur le test suppressif en quatre jours décrit par Peters et Robinson (1992) : sur des souris infestées avec *Plasmodium bergheii* à D_0, l'administration d'extraits est faite deux (2) fois par jour (le matin à 6h et le soir à 18h) du premier au quatrième jour. Au quatrième jour, des frottis sanguins sont faits avec du sang prélevé sur la queue des souris et le pourcentage de parasitémie déterminé selon la relation suivante

$$\% \ de \ réduction = \frac{(\text{Parasitemie du lot temoin} - \text{Parasitemie du lot testé})}{\text{Parasitemie du lot temoin}} x100$$

La valeur de la parasitémie déterminée permet d'évaluer la présence et le degré d'activité antiplasmodiale aux doses testées. Le tracé Dose-effet a permis d'obtenir les DE_1, DE_{50}, DE_{99} et DE_{90} représentant respectivement les doses efficaces pour 1%, 50%, 90% et 99% de réduction de parasitémie (par rapport au témoin ne recevant pas d'extrait), en utilisant une méthode statistique commune (logiciel DLSP Montpellier). Les doses entraînant des temps de survie supérieurs à ceux des témoins sont considérées comme actives sur le

Plasmodium. Les mortalités intervenant avant cinq (5) jours sont considérés comme résultant de la toxicité.

4.3 Evaluation de l'activité antiradicalaire des extraits

L'étude de l'activité antiradicalaire permet de tester l'aptitude des extraits de plantes à inhiber la propagation de radicaux libres (organiques ou non) dans un organisme.

Cette activité a été évaluée sur des extraits ou des substances de référence en utilisant la méthode décrite par Pedreno et Escribano (2000). Elle consiste à suivre la disparition de radicaux ABTS$^{\cdot+}$. Pour cela on génère les radicaux ABTS$^{\cdot+}$ dans le milieu réactionnel (1ml) contenant 2 mM ABTS, 35 µM H_2O_2 et 31nM HRP (Peroxydase de "Radie de Cheval") dans 50 mM tampon sodium acétate pH 5. L'accumulation de radicaux ABTS$^{\cdot+}$ est suivie en mesurant l'augmentation régulière de l'absorbance à 414 nm. Au point de terminaison de la réaction, (lorsque le H_2O_2 est épuisé et que l'oxydation des molécules d'ABTS par la peroxydase n'est plus possible) on a alors un stock de radicaux libres (ABTS$^{\cdot+}$) générés par le système H_2O_2/HRP dans la solution. La solution de l'extrait (ou de substance de référence) à tester est alors ajoutée au milieu réactif. Apres l'addition, l'absorbance à 414 nm (A_i, due aux radicaux libres ABTS$^{\cdot+}$ du milieu) diminue jusqu'à ce qu'une absorbance constante (A_f) soit atteinte de manière asymptotique [Pedreno et Escribano, 2000].

Les peroxydases (tout comme les polyphenoloxydases) sont des enzymes largement répandus dans le règne végétal où elles sont parfois à l'origine de l'oxydation des métabolites secondaires (surtout des composés phénoliques) dans certaines situations.

En présence de H_2O_2 la réaction chimique d'oxydation peut être schématisée par :

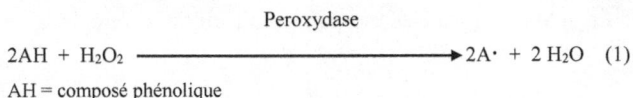

$$2AH + H_2O_2 \xrightarrow{\text{Peroxydase}} 2A\cdot + 2H_2O \quad (1)$$

AH = composé phénolique

A$\cdot$ = radical phenoxy

Le réactif ABTS réagit avec la peroxydase suivant la réaction :

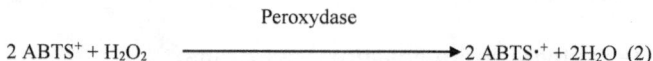

$$\text{2 ABTS}^+ + H_2O_2 \xrightarrow{\text{Peroxydase}} \text{2 ABTS}^{\cdot+} + 2H_2O \quad (2)$$

Les radicaux de l'ABTS + présentent des absorptions importantes dans les régions suivantes du spectre électromagnétique : 414, 734 et 814 nm.

En présence de substances (phénols, bétalaïnes) antioxydants on a

$$\text{ABTS}^{\cdot+} + AH \longrightarrow A\cdot + \text{ABTS}^+$$

La variation d'absorbance (Ai – Af) causée par la disparition de radicaux ABTS$^{\cdot+}$ est utilisée pour estimer l'activité antiradicalaire. Le pourcentage d'inhibition de radicaux libres est calculé selon la formule suivante :

% d'inhibition = 1 - [(DO$_{échantillon}$ /DO$_{témoin}$] X 100

Ai = valeur d'absorption initiale/ Af = valeur d'absorption à la fin

DO$_{témoin}$ est la densité optique mesurée à 414 nm avec la solution témoin (solution d'ABTS$^{\cdot+}$ où l'on a mis du méthanol à la place de solution test).

DO$_{échantillon}$ est la densité optique mesurée à 414 nm avec la solution d'ABTS$^{\cdot+}$ additionnée de la solution d'extrait à tester.

La valeur de la concentration d'extrait entraînant 50% de réduction d'absorbance des radicaux ABTS$^{\cdot+}$ (CAR$_{50}$) est déterminée à partir du tracé de la droite de régression du pourcentage de réduction d'absorbance radicalaire en fonction de la concentration d'un type d'extrait donné.

Ainsi plusieurs solutions, de concentrations différentes, d'extraits de plante sont préparées dans du méthanol 95% et une fois que le mélange avec le réactif (radicaux ABTS$^{\cdot+}$) est fait, la variation de l'absorbance est suivie par lecture de DO à des intervalles de temps réguliers jusqu'à ce que l'absorbance devienne constante. Le témoin se caractérise par le fait qu'on y remplace le volume d'extrait par un même volume de solvant. Toutes les mesures ont été effectuées en utilisant la solution de méthanol 95% comme blanc.

Afin de comparer la contribution en activité antiradicalaire de différentes fractions d'un extrait, un indice d'activité antioxydant des fractions (IAOX) a été calculé en divisant la teneur en composants antiradicalaires (en mg/100 g de matière sèche) par la concentration (en µg/ml) qui inhibe 50% de radicaux libres (CAR$_{50}$). Cet indice permet d'évaluer de manière combinée l'importance quantitative et l'apport qualitatif des différentes substances douées d'activités antiradicalaires dans un extrait.

5. Méthodes d'analyse des résultats et statistiques

Les analyses ont été faites avec les logiciels : Microsoft Excel 97 sauf indication particulière.

Les résultats donnés sont des moyennes (plus ou moins les déviations standards) de plusieurs mesures (deux au moins). Les groupes sont comparés en utilisant l'analyse de la variance à une entrée (ANOVA). Les différences significatives (à $p < 0,05$) entre les moyennes sont déterminées grâce au test de Student (test t).

Nous avons utilisé le Logiciel CIRAD-CA/ URBI Montpellier, pour déterminer les doses létales lors de l'étude de la toxicité des extraits.

Nous avons utilisé le logiciel DLSP (Montpellier) pour déterminer les doses efficaces lors de l'évaluation de l'activité antiplasmodiale.

TROISIEME PARTIE :

RESULTATS ET DISCUSSIONS

CHAPITRE 1 : RESULTATS D'ETHNOBONTANIQUE

1. Utilisation en phytothérapie des espèces de l'ordre des Caryophyllales

1.1 Les phytothérapeutes du plateau central

1.1.1 Les tradithérapeutes ou guérisseurs traditionnels

Les thérapeutes (généralement musulmans ou de religion traditionaliste) croient d'une manière implicite ou non en l'immortalité de l'âme des êtres et donc à la survie des ancêtres qui peuvent se réincarner parmi leurs descendants. Ce sont généralement des membres de familles où cette activité est pratiquée depuis plusieurs générations. Ce sont pour la plupart des cultivateurs (et parfois anciens chasseurs).

1.1.2 - Des herboristes et autres vendeurs de plantes

Dans les villes et les zones urbaines à cause de l'acculturation des jeunes générations, de l'éloignement des sites de récolte des plantes, il existe de réels besoins assurés par les marchands de plantes ambulants ou installés dans les divers marchés. Ces marchands, (hommes, femmes de tous âges) sont de véritables herboristes traditionnels. Ils délivrent toutes les parties de plantes fraîches ou sèches ainsi que divers organes animaux ou des champignons.

1.1.3 Mères de famille

Elles ont souvent hérité de leurs parents des recettes faciles à mettre en œuvre et qui concernent les traitements des maladies courantes, les soins à apporter aux nourrissons et aux jeunes enfants, les traitements contre la fatigue, les accidents osseux.

1.2 Rituels de cueillette médicinale des espèces

De façon générale la cueillette des plantes est un art méticuleux et comme tel se fait en respectant un certain nombre de règles qui tiennent compte de l'environnement socioculturel, des connaissances empiriques et autres croyances religieuses et des cultures magico-religieuses des tradipraticiens.

Dans le cas de ces espèces (Caryophyllales), l'enquête a fait ressortir que dans la majorité des cas un certain nombre de paramètres sont pris en compte pour la cueillette des plantes. Ce sont :

-Habitat ou localisation géographique : bord des sentiers, jardin en jachère ancien dépotoir...).

- Saisons : début de saison pluvieuse ou fin de saison pluvieuse.

- Position de la partie à cueillir par rapport aux astres : spécimens le plus exposé au soleil

- Moment de cueillette : matin (avant le lever du soleil).

- Etats physiologiques des plantes : tiges rouges, très tendres feuilles rougeâtres ou marrons, jeunes pousses, feuilles adultes rouges, jeune plantule, comme le montre la photo 3.

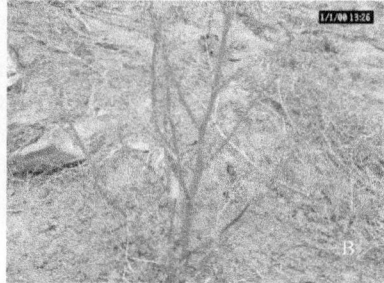

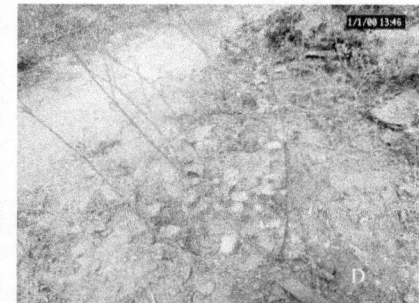

Photos (série) 3 : Comparaison des états écobiochimiques des spécimens matures (B, *Amaranthus spinosus* et D, *Boerhaavia erecta*) utilisées en phytothérapie et de spécimens immatures (A, *Amaranthus spinosus* et C, *Boerhaavia erecta*)

Ces rituels régissant la récolte pourraient être les résultats d'observation empiriques en rapport avec l'efficacité des plantes comme l'avaient montré les travaux de Nacoulma-Ouédraogo (1996). Ces données pourraient être en relation avec les caractéristiques biochimiques des principes actifs de ces espèces.

2. Utilisations alimentaires des espèces de l'ordre des Caryophyllales.

Les données de l'enquête nous ont montré qu'à coté de leurs multiples utilisations médicinales, certaines des espèces de l'ordre des Caryophyllales sont aussi sollicitées aussi bien en alimentation animale qu'humaine. Ainsi la plupart des Amaranthaceae (sauvages ou cultivées) sont utilisées comme condiments à sauce. C'est le cas d'*Amaranthus hybridus* (Borom-borom) cultivée en maraîchage ; on la préconise sous forme de sauce aux personnes en convalescence de maladies.

Il y a aussi le cas des Basellaceae (*Basella alba* et *Basela rubra*) et des Portulacaceae (*Spinacea oleracea*) utilisées en sauce comme fortifiant sanguin et revigorant. Les feuilles de *Beta vulgaris* sont beaucoup consommées en sauce et recommandées pour la convalescence de paludisme infantile. Les sauces d'*Amaranthus spinosus* et de *Boerhaavia erecta* sont couramment consommées pendant l'hivernage, surtout en période de soudure qui correspond aussi à la période ou l'endémie de malaria est maximale du fait de la prolifération des moustiques favorisée par les retenues et flaques d'eau.

Les écorces de tiges rouges de la plupart des Amaranthaceae (comme *Amaranthus* spp.) et de certaines Nyctagynaceae (comme *Boerhaavia* spp.) sont couramment utilisées lors des fêtes villageoises pour colorer des mets (comme le Zoom-Kom, eau farineuse sucrée et épicée) ou pour se maquiller (rouge à lèvre). En embouche animale *Amaranthus spinosus* et *Boerhaavia erecta* sont utilisées pour engraisser de nombreux animaux (lapins, porcs, etc.). L'appellation locale (en Mooré) d'*Amaranthus spinosus* est «kur kur goanga» autrement dit « l'herbe à porc ». De récentes études ont montré qu'en plus d'apports en nutriment (protéines et acides aminés essentiels), ces deux espèces soignaient ces animaux contre de nombreuses parasitoses internes [Berghofer et al., 2002].

L'enquête a également fait ressortir le fait que lors de l'utilisation alimentaire humaine de certaines espèces sauvages il est parfois recommandé de rejeter la première eau de cuisson. Cela pourrait être lié à la présence de quelques substances (comme les hétérosides stéroïdiques) pouvant être nuisibles à certaines doses chez certaines personnes.

Enfin il est important de noter que certaines des espèces ici recensées sont déconseillées aux femmes en grossesse (cas de *Portulaca oleracea*) car, semble –t-il, pouvant s'avérer comme abortives.

Ainsi beaucoup d'espèces de l'ordre des Caryophyllales semblent avoir une importance alimentaire lorsqu'elles ne sont pas trop toxiques. Leurs utilisations pourraient être en relation avec leur haute teneur en protéines, en acides aminés, acides gras, minéraux et vitamines essentiels comme le montrent plusieurs résultats de recherches [Hill et al., 1982 ; Teutonico et Knorr, 1985].

Cette utilisation alimentaire courante d'espèces de l'ordre des Caryophyllales pourrait aussi signifier que ces espèces ne présentent pas de toxicité particulièrement importante. Cela constituerait un atout pour l'utilisation thérapeutique que ces espèces puissent être des composants de rations alimentaires courantes;. Elles pourraient alors rentrer dans la catégorie désignée couramment sous le néologisme d'alicaments, c'est à dire des substances douées d'activité médicamenteuse en plus de leur apport en nutriments.

3. Médicaments traditionnels à base d'espèces de l'ordre des Caryophyllales et types de pathologies traitées

3.1 Analyse des recettes

Les recettes (annexe IV) recensées sont parfois constituées par les parties d'une seule plante mais peuvent aussi être confectionnées à partir de plusieurs plantes voire même contenir des additifs non végétaux (animaux et minéraux). De plus, une même préparation peut être utilisée contre plusieurs affections assez différentes. Il est donc difficile de déterminer exactement les indications thérapeutiques de chaque ingrédient et apprécier ensuite leurs effets possibles. Cependant, certaines plantes sont plus souvent indiquées pour une même affection ou contre des maladies se traduisant par des symptômes voisins. On peut donc parfois supposer une action propre relativement spécifique qui reste à être confirmée par des études en laboratoire.

Le travail est d'autant plus difficile que les notions d'étiologie et de sociologie des Mossé ne coïncident pas toujours avec celles de la médecine occidentale. D'où les possibles erreurs d'interprétation et de traduction. Des glossaires-index Mooré-Français de ces notions, mis en place par Nacoulma-Ouédraogo (1996) nous ont permis de lever, nous le pensons, ces handicaps.

Les médicaments traditionnels à base d'espèces de l'ordre des Caryophyllales se présentent sous des formes diverses (liquides, solides) et sont à usage interne et/ou externe. Ces médicaments sont obtenus par l'un des modes de préparations suivantes : macération, décoction, pulvérisation, jus, collyre, cataplasme, carbonisât.

3.2 Analyse de l'échantillon de plantes recensées

Une bonne partie des espèces de l'ordre des Caryophyllales existant dans la région du plateau central du Burkina Faso ont pu être recensées dans des recettes de la médecine traditionnelle de cette région. Il est également ressorti que les plantes sont généralement récoltées au moment où elles présentent beaucoup de pigmentation (rouge, orange ou jaune). Le tableau 5 donne les résultats de l'analyse systématique et de recherches de bétalaïnes dans les plantes recensées.

Ces résultats montrent que trente-six espèces appartenant à six familles (avec prédominance d'Amaranthaceae, de Nyctagynaceae et de Portulacaceae, qui à elles trois constituent 86 % des espèces) sont utilisées comme plantes médicinales. Ce sont essentiellement des herbacées locales. D'autres espèces (ornementales ou non), introduites par les services des eaux et forêts, ont été intégrées par les populations dans leur pharmacopée, souvent par tâtonnement ou tout simplement par ressemblance des espèces.

Toutes ces espèces à part *Basella alba* contiennent des bétalaïnes au moins à un moment de leurs cycles biologiques. Les bétalaïnes sont généralement retrouvées dans les parties aériennes (tige, feuilles, fleurs), sauf *Beta vulgaris* qui en contient dans sa racine tubéreuse. Lors des collectes, les tradithérapeutes récoltent les parties aériennes les plus pigmentées (rouges, oranges, jaunes) des plantes.

3.3 Rôle des bétalaïnes dans les utilisations thérapeutiques des espèces de l'ordre des Caryophyllales.

Les résultats obtenus suggèrent que les métabolites secondaires que sont les bétalaïnes pourraient jouer un rôle dans les utilisations thérapeutiques de ces espèces de l'ordre des Caryophyllales. Les rituels de récolte, l'état physiologique des organes utilisés, les modes de préparation retrouvés chez la plupart des phytothérapeutes interrogés indiquent que les utilisations des espèces de l'ordre des Caryophyllales doivent être reliées avec leurs métabolites secondaires pigmentaires que sont les bétalaïnes. L'essentiel de la pigmentation (bleue à rouge) de ces espèces est due aux bétalaïnes vu qu'elles sont incapables génétiquement de produire des anthocyanines [Clement et Mabry., 1996] et ne semblent pas contenir beaucoup de caroténoïdes [Kerharo et Adam, 1974].

113

Tableau 5: Résultats d'analyse systématique et de détection de bétalaïnes sur l'échantillon d'espèces recensées.

Familles	espèces	Origine/forme biologique	Présence de bétalaïnes
Amaranthaceae (17/ 36 = 47%)	*Achyrantes argentea* L.	loc., Hd	+ (tg, fe, fl)
	Aerva lanata (L.) A.LA.F.	loc., Hd.	+ (tg, fe, fl)
	Alternanthera nodiflora R.Br	loc., Hd	+ (tg, fe, fl)
	Alternanthera pungens H.Bet kunth	loc., Hr	+ (tg, fe, fl)
	Alternanthera sessilis L. R.Br	loc., Hd.	+ (tg, fe, fl)
	Amaranthus dubius Mart.	Intr. Hd.	+ (tg, fe, fl)
	Amaranthus graecizans L.	loc., Hd.	+ (tg, fe, fl)
	Amaranthus hybridus (L.) Bren	loc., Hd.	+ (tg, fe, fl)
	Amaranthus spinosus L.	loc., Hd.	+ (tg, fe, fl)
	Amaranthus viridisL.	loc., Hd.	+ (tg, fe, fl)
	Celosia trigyna L.	loc., Hd.	+ (tg, fe, fl)
	Cyathula prostrata L.	loc., Hd.	+ (tg, fe, fl)
	Gomphrena celosioides Mart.	loc., Hp.	+ (tg, fe, fl)
	Gomphrena globosa L.	Intr. H.	+ (tg, fe, fl)
	Pandiaka angustifolia Vahl.	loc., Hd.	+(tg, fe, fl)
	Pandiaka involucrata Moq.	loc., Hd.	+ (tg, fe, fl)
	Pupalia lappacea L.	loc., Hd.	+ (tg, fe, fl)
Basellaceae (2/36 = 5%)	*Basella alba* L.	Intr., Hr., g.	-
	Basella rubra L.	Intr. Hr. mg	+ (tg, fe, fl)
Cactaceae (1/36= 2,7%)	*Opuntia tuna* L;	loc., Hd.	+ (tg, fe, fl)
Chenopodiaceae (2,7%)	*Beta vulgaris* L.	Intr., H	+(tg,fe,fl, r)
Nyctagynaceae (7/36=19,4%)	*Boerhaavia adscendens* Willd	loc., Hd.	+ (tg, fe, fl)
	Boerhaavia diffusa (L).Hook F	loc., Hr.	+ (tg, fe, fl)
	Boerhaavia erecta L.	loc., Hd.	+ (tg, fe, fl)
	Bougainvillea glabra Choisy	Intr. L	+ (tg, fe, fl)
	Bougainvillea spectabilis Willd	Intr. L	+ (tg, fe, fl)
	Mirabilis dichotoma Vahl	Intr. Hd	+ (tg, fe, fl)
	Mirabilis jalapa L.	Intr. Hd	+ (tg, fe, fl)
Portulacaceae (8/36= 22,2%)	*Portulaca grandiflora* Hook	Intr. Hp	+ (tg, fe, fl)
	Portulaca meridiana L.	loc., H.	+ (tg, fe, fl)
	Portulaca oleracea L.	loc., Hd.	+ (tg, fe, fl)
	Portulaca quadrifida L.	loc., Hr.	+ (tg, fe, fl)
	Spinacia oleracea L.	intr. H.	+ (fl)
	Talinum triangulare Jacq.	loc., Hd.	+ (tg, fe, fl)
	Talinum vulgare L.	loc., Hd.	+ (tg, fe, fl)
	Trianthema portulacastrum L.	loc., Hp.	+ (tg, fe, fl)

Légende: Hd: herbacée dressée; Hr.: herbacée rampante; Hrg:herbacées rampante et grimpante ; L:liane ; Hp: herbacée prostrée ; fe: feuille ; fl.: fleur ; r: racine ; loc : locale; intr. : introduite tg: tige ; +: présence ; -: absence;

La liste des taxons végétaux cités est donnée comme annexe II à la fin du document.

Les bétalaïnes qui sont des composés phénoliques (azotés), possèdent les propriétés pharmacologiques connues de cette classe de métabolites secondaires : modulateur enzymatique, antioxydant [Bruneton, 1993]. Des études ont d'ailleurs montré que les bétalaïnes seraient les composés phytochimiques ayant la meilleure activité antiradicalaire [Zakharova et Petrova, 1998 ; Kanner et al., 2001]. Il est connu que les composés antioxydants sont capables de soigner de nombreux dysfonctionnements métaboliques ou infectieux [Kanner et al., 2001]. Des activités antivirale et antibactérienne des bétalaïnes ont été signalées [Delgado-Vargas et al., 2000]. Des produits pharmaceutiques (de traitement des maladies cardiovasculaires) à base de bétanine [Kanner et al., 1996, 2001] existent sur le marché. De même les nombreux travaux ont montré que la bétanine a des effets pharmacologiques d'immunostimulant, d'anti-inflammatoire et d'anti-tumorale [Kappadia et al.; 1996 ; 1997 ; 1998 ; 2003].

3.4 Principaux types de pathologies traitées avec des espèces de l'ordre des Caryophyllales.

Partant de ces propriétés médicinales, nous pouvons admettre que les bétalaïnes sont les principes actifs qui agiraient seuls ou en synergie comme régulateur de tension, comme cholagogue, comme antiseptique (démangeaisons, dartres, dermatoses et plaies diverses), comme remède de maladies digestives (indigestion, constipation, diarrhées, dysenteries, ulcères, hémorroïdes, parasites intestinaux) ou pour soigner le paludisme, les allergies, le rhum, la toux. Le tableau 6 ci-dessous donne les résultats de l'enquête ethnobotanique.

Tableau 6: mode de préparation, usage et pathologies traitées par des espèces de l'ordre des Caryophyllales

maladies traitées	espèce	Préparation et usage
Tænia ; vers intestinaux	*Celosia trigyna* L.	Décoction de plante entière (usage interne)
Conjonctivite, pustule, furoncle dermatites, ophtalmie	*Celosia trigyna* L.	Tiges feuillées (usage externe)
Lèpre	*Achyrantes argentea* L.	poudre de graine (usage externe)
Dysenterie	*Achyrantes argentea* L.	Décoction de racines (usage interne)
Diverticulites, Versicolores ;	*Gomphrena celosioides* Mart.	Décoction de tiges feuillées (usage interne)
Gonorrhée, amibiases, abcès, dermatites, filarioses	*Portulaca oleracea* L.	Décoction de tiges feuillées (usage interne)
Zona	*Portulaca quadrifida* L. *Aerva lanata* (L) A.L.A. fuss.	Décoction de tiges feuillées (usage interne)
Brûlures de soleil, abcès	*Portulaca oleracea* L.	Jus de plante entière (usage externe)
Caries dentaire	*Amaranthus spinosus* L. *Amaranthus dubius* Mart.	Décoction de racines (usage use)
Otites, eczéma, abcès, brûlures	*Amaranthus spinosus* L.	Jus de feuilles (usage externe)
Diarrhée, Amygdalite, Tænia, vers de Guinée, furoncle, prurits	*Alternanthera pungens* H.Bet Kunt.*Alternanthera nodiflora* R. Br.	Poudre ou jus de tiges feuillées (usage interne)
Morsures d'araignées et de scorpions	*Celosia trigyna* L. *Trianthema portulacastrum* L.	Poudre de tiges feuillées (usage interne)
Morsures d'araignées et de scorpions	*Achyrantes argentea* L. *Amaranthus graecizans*	Poudre de fleurs (usage externe), décoction de tiges feuillées (usage interne)
Piqûres de scorpion	*Alternanthera pungens* H.Bet Kunt	Jus de bourgeons (usage externe)
Fatigue	*Celosia trigyna* L.	Décoction de tiges feuillées (usage interne)
Paludisme	*Achyrantes argentea* L.	Décoction de tiges feuillées (usage externe)
Paludisme	*Gomphrena celosioides* Mart.	décoction de tiges feuillées (usage interne)
Paludisme nerveux des enfants	*Boerhaavia erecta* L. *Boerhaavia diffusa* L.	décoction de tiges feuillées (usage interne)
fatigue, fièvre, inflammatoire	*Portulaca oleracea* L. *Portulaca meridiana* L.	décoction de tiges feuillées (usage interne)
Rougeole, varicelles, paludisme	*Amaranthus spinosus* L. *Amaranthus viridis* L. *Talinum vulgare* L. *Talinum triangulare* Jacq.	décoction de tiges feuillées (usage interne ou externe)
Paludisme	*Beta vulgaris* L., *Boerhaavia erecta* L.	décoction de tiges feuillées (usage interne use)
Paludisme, fièvre, maux de tête, inflammation des nerfs	*Alternanthera pungens* H.B.Kunt. *Bougainvillea spp*	décoction de tiges feuillées (usage interne)
Crises convulsives	*Boerhaavia erecta* L.	décoction de tiges feuillées (usage interne use)
Neuralgie, troubles vasculaires nerveux	*Portulaca oleracea* L.	décoction de tiges feuillées ou jus (usage interne)
Epilepsie, convulsions chez les enfants	*Amaranthus spinosus* L. *Amaranthus dubius* Mart.	décoction de tiges feuillées rouges (usage interne)
Neuralgie, vertiges	*Alternanthera pungens* H.B.Kunt	décoction de tiges feuillées (usage interne)
hémorragie post-partum, troubles ovariens	*Celosia trigyna* L.	Cataplasme de feuilles ou de fleurs (usage externe)
Spasmes utérins, déficience ostrogéniques	*Achyrantes argentea* L. *Alternanthera sessilis* (L) R.Br.	jus de tiges feuillées (usage interne)

Tableau 6 (suite) : mode de préparation, usage et pathologies traitées par des espèces de l'ordre des Caryophyllales

maladies traitées	espèce	Préparation et usage
Dysménorrhée	*Gomphrena celosioides* Mart. *Gomphrena globosa* L.	décoction de tiges feuillées (usage interne)
Accouchements difficiles	*Boerhaavia erecta* L., *mirabilis spp*	décoction de tiges feuillées (usage interne)
Avortements, dysménorrhée, Ménorragie	*Portulaca oleracea* L. *Pupalia lappacea* (L.) Juss.	décoction de tiges feuillées (usage interne)
Oligospermie, soins aux nouvelles parturientes, avortements, hypogalactie, aphrodisiaque	*Amaranthus spinosus* L.	décoction de tiges feuillées ou jus (usage interne)
Avortement	*Alternanthera pungens H.B.Kunt*	décoction de tiges feuillées (usage interne)
Anorexie, congestion pulmonaire, accouchements difficiles, Gastralgie	*Celosia trigyna* L.	décoction de tiges feuillées (usage interne)
Spasmes (intestinal, bronches, rhino-pharynx), dyspepsie, vasodilatation	*Achyrantes argentea* L. *Basella rubra* L.	décoction de tiges feuillées (usage interne)
Asthme	*Gomphrena celosioides* Mart	Jus de feuilles (usage interne)
Accouchements difficiles, dyspnée, incontinence, déficience urinaire	*Boerhaavia erecta* L.	décoction de tiges feuillées (usage interne)
Douleur cardiaque, hémorroïdes	*Celosia trigyna* L.	décoction de tiges feuillées (usage interne)
Maux de cœur, tabagisme	*Portulaca oleracea* L.	décoction de tiges feuillées (usage interne)
Arthrites, goûte	*Achyrantes argentea* L. *Cyathula prostata* (L.) Blume	décoction de tiges feuillées (usage interne) ; pâte de feuilles (usage interne)
Cholagogue	*Gomphrena celosioides* Mart	décoction de tiges feuillées (usage interne)
Tabagisme, cancers, athéromes	*Boerhaavia erecta* L.; *Boerhaavia adscendens* Will.;*Opuntia tuna* L.	décoction de tiges feuillées (usage interne)
Cystites, inflammation urinaire, Lithiases urinaires, rhumatisme,	*Portulaca oleracea*	décoction de tiges feuillées (usage interne)
Alcoolisme, cirrhoses, lithiases	*Amaranthus spinosus*	décoction de tiges feuillées (usage interne)
Diarrhée, fortifiant sanguin	*Celosia trigyna*	décoction de tiges feuillées (usage interne)
convalescence de dysenterie	*Opuntia tuna* L., *Amaranthus hybridus* (L) spp Incurvens (Tim.). Bren	décoction de tiges feuillées (usage interne)
Oedèmes	*Boerhaavia erecta* L.	décoction de tiges feuillées (usage interne)
Obésité, troubles vasculaires (déficience en vitamine C_2), scorbut	*Portulaca oleracea* L. *Spinacea oleracea* L.	décoction de tiges feuillées (usage interne)
Anémie, scorbut	*Amaranthus spinosus* L.	décoction de tiges feuillées (usage interne)
Œdèmes, poussée dentaire	*Alternanthera pungens H. Bet Kunt*	décoction de tiges feuillées (usage interne)

L'analyse des résultats de l'enquête ethnobotanique permet de regrouper les pathologies traitées en plusieurs groupes par critères anatomiques ou/et biochimiques ou physiologiques :

a) *L'utilisation comme antimicrobien, antiparasitaire et antidermatose* : cela pourrait être dû à des activités antiprotozoaire, antiviral et cicatrisant des constituants des plantes à bétalaïnes.

b) *L'utilisation comme antiallergiques et/ou antivenimeux* : (morsures de serpent, d'araignées, de scorpions) : Cela pourrait être dû à une activité antihistaminique ou à une capacité d'inhibition compétitive réversible des composés toxiques (inhibiteurs des neurotransmetteurs ou d'enzymes) des venins.

c) *L'utilisation contre le Paludisme, la fièvre et les douleurs* :
L'effet antipaludéen pourrait être lié à une activité antiplasmodiale alors qu'une activité antipyrétique expliquerait l'utilisation contre la fièvre.

d) *La médication des pathologies du système nerveux* :
Cette activité pourrait être liée à des propriétés de neurotropes, d'activateur d'hormones ou de détoxifiants neuronaux.

e) *La médication des troubles de la fonction de reproduction* : Cela pourrait être du à des propriétés d'anti-prolactine, d'ocytocique, de pro-gonadostimulant ou d'équilibration de la tonicité du muscle utérin chez les femmes en gestation.

f) *La médication des troubles des viscères* :
Pour l'appareil respiratoire cela pourrait être lié à une activité décongestionnante, de broncho-dilatateur ou d'alvéolynegène. Pour l'appareil digestif il pourrait s'agir d'une activité cicatrisante (donc anti-ulcères).

g) *La médication de l'hypertension artérielle et des affections cardiaques* :
cela pourrait être lié à une activité d'abaissement de pression artérielle ou d'antioxydant sur les LDL (lipoprotéine de densité faible).

h) *la médication de cancers, d'alcoolisme et du tabagisme* pourrait être liée à des activités antiradicalaires.

i) *La médication des pathologies de la fonction d'excrétion* :
Cela pourrait être dû à une activité anti-hépatotoxique (par solubilisation des ions Calcium. pro-cystiques), cholagogue, cholérétique, ou rénal.

j) *L'utilisation pour la complémentation alimentaire*, pourrait être liée à la présence de substances à rôle d'aliments fonctionnels : oligo-éléments, vitamines, acides aminés ou gras indispensables, sels minéraux essentiels.

4. Conclusion partielle

L'étude ethnobotanique indique donc une large utilisation traditionnelle des espèces à bétalaïnes de l'ordre des Caryophyllales, aussi bien pour des usages médicinales *sensu stricto* que pour des usages nutritionnels (comme condiments ou colorants).

De plus les rituels et modes de récolte ainsi que les parties de plante utilisées, montrent que les bétalaïnes ou leurs dérivés sont impliquées dans les propriétés thérapeutiques des recettes à bases de ces espèces. Les types de pathologies traités par ces espèces sont également en accord avec les propriétés médicinales connues des phénoliques azotés que sont les bétalaïnes. Des investigations phytochimiques et d'activités biologiques poussées sur *Amaranthus spinosus* et *Boerhaavia erecta* (espèces les plus utilisées) permettraient de préciser leurs propriétés et potentialités médicinales et/ou nutritionnelles. Cela pourrait permettre de corréler la présence des bétalaïnes aux propriétés thérapeutiques d'utilisation relevées dans les usages traditionnels.

CHAPITRE 2 : RESULTATS PHYTOCHIMIQUES

1. Composition minérale

L'analyse par dessiccation a permis de montrer que *A. spinosus* contient 68,47±
7,5 % d'humidité et *B. erecta* 65±3,8 %. Ces résultats sont conformes au fait que
ces deux plantes sont succulentes et adaptées aux zones arides. Parfois de telles
adaptations écologiques induisent la synthèse de constituants phytochimiques
pouvant aider à retenir de l'eau ou à lutter contre les ions minéraux métalliques.
C'est ce qu'ont montré les résultats obtenus par Oven et al.(2002) en montrant
que les plantes adaptées aux régions arides étaient dotées de molécules à
capacité de chélation et de phytorémediation.

Les résultats obtenus par l'incinération donnent des valeurs cendres de
15,36 ±3,7 % et 12,43±2,5 % par rapport à la matière sèche, respectivement
pour *A. spinosus* et *B. erecta.* Ces valeurs sont proches de celles données par
Nacoulma-Ouédraogo (1996), à savoir 18,3 % et 15,3 % respectivement pour *A.
spinosus* et *B. erecta.*

Les résultats de différents travaux [Teutonico et Knorr, 1985] ont mis en
évidence des minéraux ; Calcium (Ca), potassium (K), Fer (Fe), Zinc (Zn) chez
A. spinosus et potassium (K), Magnésium (Mg), sodium (Na), calcium (Ca),
Silicium (Si), Nitrates, phosphates, sulfates chez *B. erecta.* De tels résultats
pourraient constituer des outils importants pour expliquer certaines des
utilisations alimentaires et/ou médicinales des deux espèces ici étudiées.

2. Caractéristiques histochimiques

L'étude histochimique permet d'identifier les localisations tissulaires des
composés [Ciulei, 1982]. En effet la détermination des organes comportant la
meilleure concentration en métabolites intéressants permet de faire des
économies en solvants et de limiter le temps mis pour l'analyse.

2.1 *A. spinosus*

L'observation de coupe d'épiderme de jeune tige dans de l'eau montre qu'il est constitué de plusieurs couches de cellules : une couche verticale de cellules allongées parallèles, puis une couche interne de cellules horizontales angulaires. Dans les cellules allongées parallèles on trouve des 'sables' (photo 4 ci-dessous).

L'observation de coupes minces transversales de partie terminale de jeune tige montre : un épiderme dont certaines cellules sont colorées en jaune épars (peut être des caroténoïdes), puis il y a la couche de cellules épidermiques internes, et ensuite la couche du collenchyme. On observe ensuite un parenchyme cortical à grosses cellules polyédriques. Certaines de ces cellules contiennent des sables (photo 4).

Dans la partie interne du parenchyme cortical, les cellules contiennent des colorants orangés correspondant probablement aux bétalaïnes ou à leurs précurseurs.

Chez les tiges matures (rouge) : un montage (objectif x40) dans l'eau de coupe d'épiderme montre des cellules colorées en rouge. Dans du NaOH 10N, l'épiderme montre une coloration jaune tandis que dans du HCl 10N, cet épiderme devient gris violet.

La coloration au Carmino-vert de Mirande permet également d'observer un faisceau surnuméraire).

Épiderme

Collenchyme

Parenchyme cortical

Cristaux

Phloème

Xylème et phloème

Parenchyme médullaire

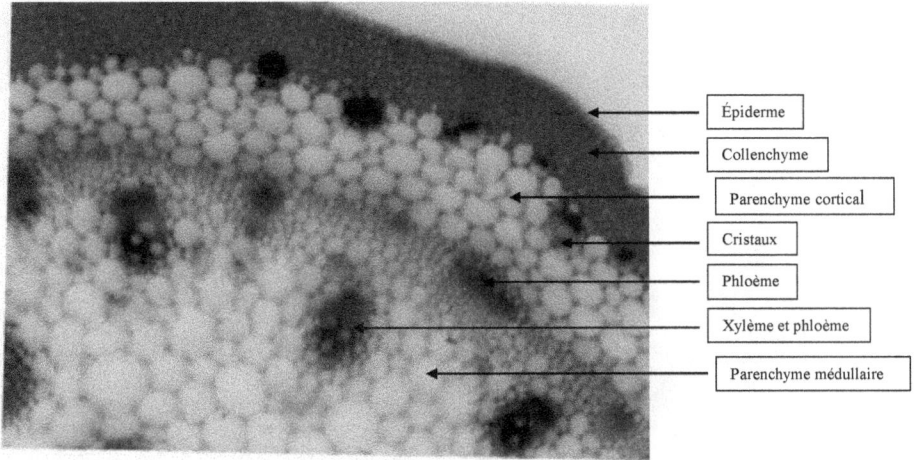

Photo 4: Coupe histochimique (coloration au Carmino-vert) de tige *A. spinosus*

2.2 *B. erecta*

L'épiderme est muni de poils pluricellulaires excréteurs de cristaux. Il existe des granules incolores non identifiés (surtout dans le parenchyme médullaire). Le centre de la coupe montre une anomalie de structure. L'observation de montage de coupe de tige rouge de jeune pousse de *B. erecta* montre des bétalaïnes dans le parenchyme cortical (photo 5 ci-dessous). De même, plusieurs types de cristaux (raphides, sables, macles) sont localisés dans le parenchyme cortical. Enfin il existe un faisceau surnuméraire. Ces observations sont en accord avec ceux d'autres travaux sur des espèces du genre *Boerhaavia* [Rajout et Rao, 1998].

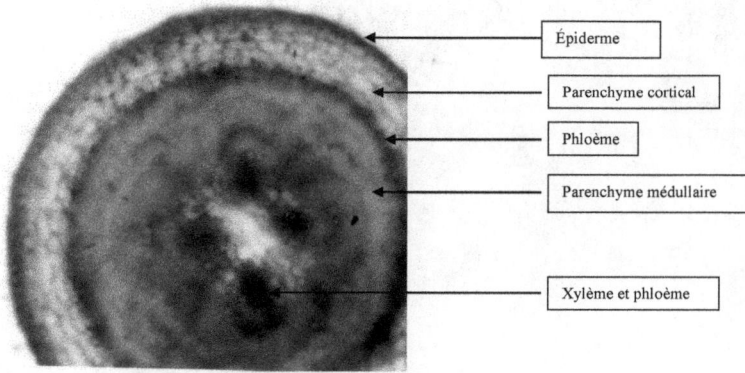

Photo 5 : Coupe histochimique (coloration naturelle, montage dans l'eau) de tige *B. erecta.*

Ainsi dans les deux espèces, des bétalaïnes sont localisées surtout dans le parenchyme cortical des tiges. De même on a pu identifier des acides organiques cristallisés dans des vacuoles des tissus d'excrétion (poils), des faisceaux surnuméraires et des anomalies de structure (surtout chez *B. erecta*). Les feuilles contiennent peu de bétalaïnes (seulement un peu chez les jeunes pousses et en situation de stress.). Les racines ne contiennent pas de bétalaïnes chez *B erecta* ; quelque fois on peut en trouver dans les racines exposées au soleil, chez *A. spinosus.*

Les études faites sur les racines tubéreuses de *Beta vulgaris* (Betterave potagère) [Im et al., 1990; Kujala et al. 2000] ont également montré d'une part que leurs bétalaïnes et composés phénoliques sont localisés à la périphérie des racines et d'autre part que la teneur de ces substances décroît du parenchyme cortical vers la zone médullaire.

Le fait que les bétalaïnes des deux espèces ici étudiées soient localisées dans les vacuoles cellulaires des tissus sub-épidermiques de leurs écorces, peut être relié au résultat ethnobotanique d'utilisation de spécimens rouges. En effet les végétaux accumulent généralement leurs métabolites de défense contre les agressions extérieurs à la périphérie des organes pour résister aux infections. Cela a été aussi observé avec les alcaloïdes des écorces de nombreuses racines et tiges de plantes médicinales [Gershenzon et Mabry, 1983].

Photo 6: Photo montrant la variation de pigmentation de tige de *B. erecta* selon les conditions écologiques (A= stress ; B = bonnes conditions) [Hilou A.]

Photo 7: Photo montrant la variation de pigmentation de tige de *Amaranthus spinosus* selon les conditions écologiques (A= stress ; B = bonnes conditions) [Hilou A.]

Les photos 6 et 7 ci-dessus montrent l'état de tiges des plantes utilisées lors des traitements traditionnels. Ce sont des tiges matures ou en situation de stress biotique ou abiotique qui présentent cette pigmentation. Cela montre une fois de plus que les bétalaïnes, métabolites spécifiques de ces espèces pourraient jouer un rôle dans leurs utilisations médicinales.

Ces résultats permettent d'envisager d'utiliser la partie corticale rouge des tiges de plantes matures des deux espèces pour les extractions à des fins phytochimiques et/ou de test d'activités biologiques.

3. Composition phytochimique d'extraits d'écorces *d'A. spinosus* et de *B. erecta*

Les spectres d'absorption dans l'UV-Visible des extraits sont donnés comme annexe I à la fin du document

L'application des méthodes de Steglich et Strack (1990) pour les bétalaïnes; d'Oven et al.(2002), pour les acides aminés, les amines biogènes et les acides organiques et la méthode de Ciulei (1982) pour le reste de métabolites secondaires ont permis d'obtenir les résultats du tableau 7.

Tableau 7: Composition phytochimique d'écorces d'*A.spinosus et de B. erecta*

	Ecorces de *B. erecta*	Ecorces d' *A. spinosus*
Tannins catéchiques	+	+
Alcaloïdes	+/-	+/-
Stéroïdes	+	+
Terpènes	+	+
Saponines	+	+
Flavonoïdes	+	+
Anthocyanines	-	-
Polyuronides	+	+
Caroténoïdes	+/-	+/-
Huiles volatiles	+	+
acides Aminés et Amines	+	+
Acides organiques	+	+
Acides phénoliques	+	+
Bétalaïnes	+	+

Légende :   + résultat positif de détection   - résultat négatif de détection /   +/- : traces

Tableau 8: Acides aminés et acides organiques d'écorces d'*A. spinosus* et de *B. erecta*

	Ecorces de *A. Spinosus*	Ecorces de *B. erecta*
acides Aminés, Amines	Pro, Met, Glu, β–Ala, Dopa, cyclo-Dopa, Orn, *cyclo*-dopamine, Asp., tyramine, methylPro, dopamine	(Pro, Orn, Glu, Arg, Tyr, Dopa, *cyclo*-Dopa, β–Ala. MethylPro
Acides organiques	Acides α-cétoglutarique, oxalique, nicotinique	acide oxalique

Les co-chromatographies sur couches minces avec des composés de référence ont permis d'identifier certains des acides aminés, acides organiques des écorces d'*A. spinosus* et de *B. erecta,* indiqués dans le tableau 8 (précédent).

Ces résultats de criblage phytochimique (tableau 6) et d'identification (tableau 7) par chromatographie montrent que les écorces des deux plantes contiennent de nombreux métabolites secondaires ou primaires (acides organiques, amines et acides animés) à propriété biologique.

Les alcaloïdes *stricto sensu* sont rares dans les matériaux utilisés pour les deux espèces. En effet nous n'avons trouvé que des traces d'alcaloïdes *sensu stricto* dans les deux extraits. Cela est conforme aux résultats de Olufemi et al (2003) sur *A. spinosus*. Dans les racines de *Boerhaavia diffusa*, des chercheurs indiens ont identifié en faible quantité un alcaloïde appelé Punarnavine [Chopra et al., 1956].

Cependant les deux espèces contiennent des bétalaïnes connues comme chromoalcaloïdes. La présence de bétalaïnes dans *A. spinosus* avait déjà été signalée par les travaux de Cai et al. (1998) mais pour *B. erecta* il existe peu d'indices pour ces substances.

Des flavonoïdes ont été retrouvés dans les extraits des parties aériennes. Des résultats comparables ont été obtenus par Kadota et al. (1990) avec la caractérisation d'isoflavones (roténoïdes) dans les racines de *B. diffusa*

Malgré cette présence de flavonoïdes, de même que celle d'acides phénols (acides cafféique, ferulique, vanillique…) aucune des deux espèces ne semble cependant contenir d'anthocyanes. Cela pourrait s'expliquer par l'existence chez ces deux espèces d'un verrou enzymatique empêchant la transformation des flavanes (catéchines) en anthocyanes. Ce résultat confirme que sur le plan de la biosynthèse, bétalaïnes et anthocyanes sont mutuellement exclusifs [Mabry, 2001 ; Bittrich et Amaral, 1991].

Les résultats montrent également la présence de tannins de types catéchiques dans les deux extraits. Olufemi et al. (2003) n'avaient pas trouvé de tannins dans leur étude sur *A. spinosus* du Nigeria.

La présence de polyuronides dans les deux espèces pourrait expliquer leur capacité de rétention d'eau comme l'a montré les résultats de l'analyse minérale de teneur en eau. C'est une caractéristique des plantes succulentes.

Nous avons mis en évidence des triterpènes, des stéroïdes ainsi que des saponosides dans les deux extraits. Ces résultats sont conformes à ceux obtenus par d'autres auteurs [Olufemi et al. 2003 ; Banerji et Chakraborty, 1973] dans l'étude d' *A spinosus.* De même les résultats de Kadota et collaborateurs (1989) ont montré la présence de stéroïdes dans *B. diffusa.* Les saponosides des deux espèces constituent parfois une difficulté pour la purification des bétalaïnes des extraits des deux plantes. En effet ils sont gênants lors de l'évaporation à vide d'extraits. Ces saponosides pourraient être à génines terpéniques puisque les deux espèces sont des dicotylédones [Bruneton, 1993]. Malgré la présence de terpenoïdes, les extraits des deux espèces ne semblent pas contenir beaucoup de caroténoïdes même si l'étude histochimique semblait indiquer la présence de pigments jaunes dans la couche externe de l'épiderme d'*A. spinosus.* Il se pourrait que le séchage (ou la pulvérisation) n'ait pas permis la préservation de l'intégrité de caroténoïdes (probablement faible) présentent dans les plantes fraîches.

La présence d'acides organiques (acides α-cétoglutarique, oxalique, nicotinique) dans *A. spinosus* est comparable à celle obtenue par Dogra et collaborateurs (1980) sur d'autres Amaranthaceae (*Achyrantes, Alternanthera*). De tous les acides organiques, l'acide oxalique semble le plus fréquent, ce que confirme la présence de nombreux cristaux (sables, raphides) trouvés dans les coupes histochimiques. Cela a conduit à proposer une chimotaxonomie des Amaranthaceae, basée sur les acides organiques en relation avec les acides aminés [Dogra et al., 1980]. La présence d'acide nicotinique et α-cétoglutarique dans *A. spinosus* est importante et pourrait avoir des implications dans l'utilisation médicinale de cette plante.

Chez *B. erecta*, seul l'acide oxalique a pu être détecté. Cela confirme les observations microscopiques des coupes histochimiques (cristaux).

Malgré le nombre d'acides aminés identifiés dans ces deux espèces, peu sont des acides aminés essentiels mis à part la méthionine pour *A. spinosus* et la tyrosine pour *B. erecta*. Les résultats de certains travaux [Teutonico et Knorr, 1985] ont montré chez *A. spinosus* la présence d'une haut teneur en protéine (28% du poids sec) avec la présence de presque tous les acides aminés.

Ces deux espèces contiennent également des amines biogènes (métabolites normalement rares chez les végétaux supérieurs), [Mabry, 1980].

Conclusion sur le criblage chimique

Ces résultats d'analyse phytochimique montrent que ces deux espèces contiennent la plupart des métabolites secondaires généralement rencontrés chez les végétaux à l'exception des alcaloïdes. On trouve beaucoup de composées à structure phénolique (flavones, tannins, acides phénols, bétalaïnes), de même que des acides aminés et amines biogènes, toute chose qui pourrait entraîner l'existence d'activité biologique avec les extraits de ces deux espèces.

De plus, l'absence d'anthocyanes démontre le caractère exclusif entre ces pigments et les bétalaïnes (ici retrouvées) et par conséquent l'appartenance de ces deux espèces au sous-ordre des Chenopodiineae de l'ordre des Caryophyllales.

De même cette analyse chimique des deux espèces a montré la présence de substances à potentialité nutritionnelle ou alimentaire (acides aminés, vitamines,) ou à propriétés organoleptiques alimentaires (bétalaïnes comme colorants et/ou conservateurs alimentaires).

Il est remarquable de constater une certaine ressemblance des contenus phytochimiques des deux espèces, bien que celles ci proviennent de familles et de genres différents. Ceci pourrait indiquer sur le plan phylogénique un monophylétisme des Caryophyllidae. Des études physiologiques et analytiques ont ainsi montré que les espèces de cet ordre sont nitrophiles avec un métabolisme azoté très actif (d'où une teneur élevée en protéines, présence de bétalaïnes, d'acides aminés, d'amines biogènes) et comportent également un taux élevé de minéraux (calcium, fer) [Clement et al., 1996]. Cela a été confirmé par de nombreux travaux de taxonomie chimique de ces espèces [Dogra et al., 1980 ; Mabry, 1980].

Ces résultats expliqueraient ainsi le fait que lors de la confection de recettes, les tradithérapeutes puissent interchanger les espèces de l'ordre des Caryophyllales.

4. Caractéristiques d'extraction, teneurs en phénoliques totaux et en bétacyanines

4.1 Teneurs en phénoliques totaux

L'extraction et dosage de phénoliques totaux est une pratique courante dans l'évaluation de plantes médicinales. Ces composés sont généralement retrouvés dans la plupart des plantes et des études ont montré que certaines activités biologiques intéressantes peuvent au moins en partie s'expliquer par la présence de telles structures moléculaires [Ma et Kinner, 2002]. Même lorsqu'ils ne constituent pas les principes actifs, ils peuvent interférer dans l'activité de ces derniers. Dans le présent travail leur étude s'imposait d'autant plus que le criblage phytochimique n'a pas permis de détecter beaucoup d'alcaloïdes *sensu stricto* (principes actifs couramment recherchés dans les plantes médicinales).

L'extraction des matières végétales par des solvants organiques polaires (comme l'acétone ou le méthanol ou l'éthanol) est généralement utilisée pour faire un dosage des phénoliques totaux (acides phénols, flavonoïdes, tannins).

Le tableau 9 donne les résultats de dosage (en GAE, équivalant en acide gallique) obtenus en utilisant la méthode au réactif de Folin-Ciocalteu de Heinonen et al. (1998)

Tableau 9: Résultats de teneurs en phénoliques totaux *d'A. spinosus et de B. erecta*

Extrait de plante	Couleur de l'extrait	Equivalent en Acide gallique (en mg/100g de matière sèche
Amaranthus spinosus	vert-jaune	2512 ± 28
Boerhaavia erecta	orange	3460 ± 42

Les résultats obtenus par cette méthode montrent ainsi que les écorces d'*A. spinosus* sont moins riches en phénoliques totaux que celles de *B. erecta*. Des travaux sur des matériaux d'origine végétale ont montré que les quantités en phénoliques totaux varient très largement et peuvent aller de 20 à 15530 mg

GAE /100g de matière sèche, respectivement pour les grains de blé (*Triticum aestivum*) et les épines de *Picea abies* [Kahkonen et al., 1999]. Parmi les végétaux comestibles, les plus faibles quantités se retrouvent chez les céréales (20–130 mg/100g), les légumes (40-660mg/100g) alors que les baies contiennent des quantités relativement plus importantes (1240-5080 mg/100g). Parmi les végétaux non comestibles, des quantités assez importantes peuvent être trouvées (1750-15530mg/100g). De même des quantités significatives sont retrouvées chez certaines plantes médicinales comme *Lythrum salicaria* (4210mg/100g), *Calluna vulgaris* (3280mg/100g), *Andromeda polyfolia var glaucophylla* (3220mg/100g) [Kahkonen et al. 1999]

Les composés phénoliques sont un ensemble très vaste comprenant des flavanols (comme la catéchine) des acides benzoïques (comme l'acide gallique), des acides phénols (comme l'acide caféique), des flavonols (comme la Rutine), des anthocyanines (comme la Malvine). Les résultats de certains travaux (Heinonen et al., 1998) ont montré que les quantités (en équivalant acide gallique) des phénoliques totaux, mesurées par la méthode au réactif de Folin-Ciocalteu et celles obtenues par extraction (ou par analyse HPLC) des différents phénoliques pouvaient être différentes. En effet le réactif de Folin-Ciocalteu permet de caractériser surtout l'acide gallique et les catéchines. Pour ces derniers il peut même y avoir des erreurs puis qu'une molécule de catéchine peut se lier à deux molécules du réactif et donner le double de contenance en phénoliques totaux.

De plus une partie des phénoliques ne réagiraient pas avec le réactif de Folin. Ainsi la méthode de Folin ne donne pas un aperçu suffisant sur la quantité ou sur le type des constituants phénoliques d'un extrait de plante. Il est donc nécessaire d'utiliser d'autres méthodes pour avoir une meilleure mesure de la contenance en phénoliques.

4.2 Caractéristiques d'extraction et teneurs en bétacyanines

4.2.1 Extraction des bétalaïnes

Les résultats de criblage phytochimique ont montré que les deux espèces ici étudiées sont riches en bétalaïnes. Ces molécules bien qu'ayant une structure phénolique, diffèrent par certaines propriétés des autres phénoliques, à commencer par le fait d'être diazotés. Les bétalaïnes semblent aussi être peu extractibles par l'acétone (70%) comme l'indique les couleurs des extraits (tableau 8). Les extraits riches en bétalaïnes sont rouges pour les deux espèces ici étudiées. Il a fallu ainsi mettre en place une autre méthode pour l'extraction des bétalaïnes surtout que les résultats ethnobotaniques avaient montré leur implication possible dans les activités des deux espèces.

Les bétalaïnes sont des composés hydrosolubles [Piattelli et al., 1964a]. L'extrait aqueux contiendrait donc la plupart des bétalaïnes (plus d'autres phénoliques) et probablement d'autres composés hydrosolubles qui pourraient être exclus par des fractionnements ultérieurs.

Pour l'évaluation de l'activité antiplasmodiale nous avons utilisé une extraction par décoction conformément au mode d'utilisation traditionnelle indiqué par l'enquête ethnobotanique. Le tableau 10 ci dessous indique les rendements d'extraction à froid (macération) et à chaud (décoction).

Tableau 10: Rendements des extractions aqueuses d'*A. spinosus* et de *B. erecta*

Extraits	Rendement de macération	Rendement de décoction
A.spinosus	7,58±0,51%	9,70±0,45%
B. erecta	8,63±0,53%	11,64±0,40%

L'extraction par décoction donne de meilleurs rendements que ceux par macération même si la différence ne semble pas très importante. Ces résultats montrent également que *B. erecta* contient plus de composés d'hydrosolubles que *A. spinosus*.

Nous avons utilisé des écorces séchées et pulvérisées car les matériaux végétaux déshydratés peuvent bien se conserver. Ainsi on peut disposer d'une grande quantité de matière première homogène sur laquelle on fera les différentes études aussi bien chimiques que biologique, toute chose qui peut améliorer l'homogénéité des résultats. Cela s'avère même indispensable vu que les deux espèces ici étudiées sont annuelles en climat sahélien et qu'il faut donc les récolter pendant une courte période de l'année (de Novembre à Février, moment où les tiges deviennent rouges).

Les matériels végétaux contenant des bétalaïnes sont généralement d'abord homogénéisés ou pulvérisés avant l'extraction de ces pigments [Adams et Von Elbe., 1977]. Les bétalaïnes peuvent être extraites avec de l'eau pure. Dans la plupart des cas l'utilisation de mélanges hydro-alcooliques (avec du méthanol ou de l'éthanol) peut s'avérer nécessaire pour permettre une facile récupération des pigments par évaporation et surtout limiter la co-extraction d'autres substances hydrosolubles (polysaccharides et protéines contenus dans les deux espèces ici étudiées) mais peu solubles dans l'alcool [Cai et al., 1998].

Parfois la dégradation des bétalaïnes extraites peut intervenir très rapidement. Pour limiter cela, l'extraction peut être faite avec un solvant à froid ou à l'obscurité. L'addition d'acide ascorbique (250mM) comme conservateur dépend de la stabilité du type de bétalaïne.

Ces propriétés des bétalaïnes montrent la nécessité d'adapter le mode d'extraction à l'étude ou l'utilisation envisagée.

Pour des extractions à des fins alimentaires et/ou industrielles, le rendement, la toxicité et le coût du solvant seront d'une importance particulière. A cet effet, un solvant à base d'éthanol est recommandé (par rapport au méthanol plus toxique). Dans tous les cas le solvant est acidifié (acide trifluoro-acétique à 0,1-1% ou encore acide acétique à 5% v/v). Longtemps employé autrefois, pour améliorer les rendements d'extraction (pour lyser les contenants cellulaires et dissocier les pigments des autres constituants), l'acide chlorhydrique (HCl) est de plus en plus abandonné au profit de l'acide trifluoro acétique (TFA). En effet, l'acide chlorhydrique, peu volatile provoque aussi d'importantes hydrolyses (des liaisons éther et/ou ester) des bétalaïnes acylées au cours des étapes de concentration. Le TFA n'a pas ces inconvénients, même si son coût est un peu plus élevé.

Lorsque l'extrait doit servir à des études biologiques, il faut s'assurer que les réactifs ajoutés n'interfèrent pas avec l'activité envisagée. Ainsi pour l'étude de l'activité d'antioxydant, il pourrait être inapproprié d'utiliser de l'acide ascorbique ou toute autre substance ayant une quelconque propriété d'antioxydant.

4.2.2 Teneur en bétalaïnes.

Le tableau 11 montre les résultats obtenus par dosage spectrophotométrique sans séparation préalable, des bétacyanines d'extraits aqueux de deux espèces.

Tableau 11 : Teneurs en bétacyanines des écorces d'*A. spinosus* et de *B. erecta*

	Concentration en mg/100g d'écorces sèches
A. spinosus	28,50 ± 1,21mg équivalent amaranthine
B. erecta	193,9 ± 0,90 mg équivalent bétanine

Il ressort ainsi que *B. erecta* est plus riche en bétacyanines qu'*A. spinosus*. Les valeurs obtenues ne concernent cependant qu'un seul type de bétacyanine ; l'amaranthine pour *A.spinosus* et la bétanine pour *B. erecta*. En effet les travaux de Cai et al. (1998) n'avaient détecté que ce seul type de bétacyanine dans la variété chinoise d'*A. spinosus*. De même pour *B. erecta* des profils d'élution chromatographique comparables à ceux de bétacyanines de *Beta vulgaris* nous avaient fait soupçonner la prédominance de bétanine (Hilou, 1997).

Bien que ce dosage direct soit assez facile à mettre en œuvre, il peut donner des valeurs différentes de celles obtenues par HPLC. En effet une même plante peut contenir plusieurs types de bétacyanines dont les caractéristiques d'absorption maximale sont différentes. De plus d'autres substances peuvent interférer dans l'absorption UV-visible.

5. Caractérisation préliminaire de fractions de bétacyanines

Les résultats ethnobotaniques ont semblé montrer une importance des bétalaïnes dans les utilisations ethno-pharmacologiques des espèces de l'ordre des Caryophyllales. Il nous a donc semblé primordial de caractériser ces composés qui n'ont jamais été étudiées chez les deux espèces ici investiguées. C'est pourquoi la séparation sur support solide n'a concerné que les bétalaïnes, et non les composés phénoliques *sensu stricto*.

5.1 Caractéristiques des fractions obtenues par la méthode combinée Bilyk-Colomas

Des méthodes très élaborées mais complexes ont permis à Piattelli et Minale [1964 a et 1964b] de séparer puis de caractériser chimiquement un certain nombre de bétacyanines chez divers Caryophyllales. Elles nécessitent de grandes quantités de matériel et font appel à différentes techniques appliquées successivement (chromatographie sur colonne échangeuses d'ions, chromatographie sur colonne de polyamide, électrophorèses, CCM, hydrolyses). Des procédés de séparation plus simples comme celui mis au point par Bilyk (1979) utilisant le fractionnement par extraction liquide-solide, peuvent permettre de faire un préfractionnement déjà intéressant. La purification des fractions bétacyaniques en utilisant des chromatographies sur gels [Colomas, 1977] a permis d'obtenir une assez bonne séparation des bétacyanines.

5.1.1 Résultats de préfractionnement par extraction liquide-solide.

L'objectif de cette étape a été de séparer les bétaxanthines jaunes des bétacyanines rouges. Les fractions obtenues avec l'éthanol 95% bouillant ont une teinte jaune foncé. Cet extrait laissé au congélateur laisse déposer une sorte de précipité orange ; avec *A. spinosus* le dépôt est plus important. Il se pourrait que cette espèce soit plus riche en bétaxanthine que *B. erecta*. Des études ont montré que le préfractionnement des bétaxanthines d'un extrait contenant les deux types de bétalaïnes, améliorait la stabilité des bétacyanines. Il est en effet montré que lors de l'oxydation des bétalaïnes, les bétaxanthines se dégradent les premiers et que leurs résidus accélèrent la dégradation des bétacyanines [Vincent et Scholz., 1978].

Les résidus d'extraction représentent 58,5 ± 2,4% et 55,1±3% de la masse initiale de lyophilisat, respectivement pour *B. erecta* et *A. spinosus*. Son extraction avec du méthanol 95% (à acidité allant de 0,1 % à 0,4 % TFA) donne des fractions rouges de coloration décroissante (au fur et à mesure que le nombre de réextractions augmente). Les trois extraits sont ensuite mélangés et neutralisés avec du NaOH 0,25N puis concentrés au rotavapor.

C'est donc l'extrait de bétacyanines qui représente 40, 5 ± 3% et 13,58± 5,1% de la masse initiale de lyophilisat respectivement pour *B. erecta* et *A. spinosus*. Les résidus marron (restants), correspondent à 13,2 ± 1,8% et 38,8 ± 4,5% de la masse initiale de lyophilisat respectivement pour *B. erecta* et *A. spinosus*. Cette fraction contient probablement des polyosides, des sels ou des composés protéiques de l'extrait lyophilisé.

Les analyses spectrales montrent que les fractions obtenues avec le méthanol acide ont leur maximum d'absorption centré autour de 536 nm, ce qui correspond aux bétacyanines [Bilyk 1979].

En plus des bétacyanines, la fraction extraite avec le méthanol acide peut contenir des composés organiques polaires comme des sucres et acides aminés [Adam et al.1976]. Cela a motivé la nécessité d'une purification supplémentaire.

5.1.2 Résultats de la purification des bétacyanines.

Les gels de DOWEX W-X2 sont constitués de résines styréniques réticulées (à 2% de réticulation), à échangeurs sulfoniques ayant aussi des capacités de gel perméation (grâce aux phénomènes d'équilibre de Donnan). Cette dernière propriété permet de séparer les composés selon leur poids moléculaire. En effet selon leur taille, certaines molécules organiques rentrent dans les mailles (où peuvent se faire des échanges d'ions) et d'autres non. Sur les résines de DOWEX 50 W-X2 à pH 3 les bétacyanines sont liées au support de façon non ionique

La chromatographie de l'extrait de bétacyanines sur la colonne de gel de DOWEX (à pH 3) permet de débarrasser ces molécules des autres substances organiques polaires co-extraites.

L'élution avec la solution de TFA 0,1% (90ml) permet d'enlever les sucres, les sels et autres composés polaires. Ensuite une élution avec de l'eau distillée entraîne les bétacyanines. Cette fraction bétacyanique est concentrée à pression réduite et conservée.

Il est à noter qu'après le lavage de la colonne avec TFA 0,1% (200ml) quelques bétacyanines peuvent avoir été entraînées (coloration un peu rouge). De plus nous avons observé qu'à ce stade de purification les pigments semblaient se dégrader très rapidement si la température de la salle n'était pas contrôlée.

5.2 Résultats de caractérisation préliminaire

La séparation sur colonne de Sephadex nous a permis de faire une première caractérisation des types de bétacyanines contenus dans les extraits des deux espèces ici étudiées. Par la suite nous avons procédé à une caractérisation plus précise par HPLC.

5.2.1 Séparation des bétacyanines d'*A. spinosus* et de *B. erecta* avec le gel de Sephadex LH-20

L'élution de la colonne de Sephadex LH-20 avec une solution acide (pH 2) suivie de l'élution avec l'eau distillée neutre, et enfin différents gradients (de 20 à 100%) de méthanol aqueux, a permis de recueillir différents types de bétacyanines.

Pour *A. spinosus* on observe la séparation de deux zones principales de coloration distincte : rouge sombre, rouge claire.

Pour *B. erecta* on observe au moins quatre zones séparées de coloration, rose pale, violet, orange.

Avec *B. erecta* le rythme de séparation des fractions bétalaïniques est plus lent.

La méthode de fractionnement finale avec le Sephadex nous a permis d'obtenir une bonne séparation car ce support (gel) possède une bonne capacité chromatographique si bien que la séparation même en colonne ouverte a bien fonctionné. Néanmoins cela a nécessité beaucoup de temps pour la préparation et l'élution de la colonne. De plus les bétalaïnes purifiées semblent très fragiles à ce stade car nous n'avons pas utilisé d'antioxydant pour l'extraction.

5.2.2 Essai d'identification des bétalaïnes isolées

Les fractions bétacyaniques sont colorées et donc détectées à l'œil nu (visuellement).

Toutes ces fractions donnent des résultats positifs au double test de détection des bétalaïnes : coloration en jaune en milieu très basique et coloration bleu-violet en milieu très acide.

Toutes ces fractions présentent les propriétés spectrales des bétacyanines avec un maximum d'absorption compris entre 536 et 540 nm.

La chromatographie de couche mince à deux élutions (la première avec Isopropanol, éthanol, eau distillée et acide acétique, 55/20/20/5 en volume, puis les mêmes solvants à 30/35/30/5 en volume pour la seconde élution) sur couche de Cellulose [Bilyk, 1979] n'a pas donné de résultats exploitables.

Nous avons donc préféré la co-chromatographie par colonne de Sephadex.

Les analyses ont été menées à partir des fractions d'élution provenant de la séparation des bétacyanines sur gel de Sephadex. Dans le cas des fractions d'*A. spinosus*, la comparaison des élutions chromatographiques montre que.

- La fraction rouge sombre montre une allure comparable avec celle de l'amaranthine

- La fraction rouge-claire semble correspondre à la bétanine.

Dans le cas de *B. erecta* : la fraction rose pale semble correspondre à la bétanine même si son temps d'élution est plus lent par rapport à la bétanine pure.

La fraction violette ne semble pas correspondre ni à la bétanine (même si c'est de celle-ci qu'elle se rapproche le plus) ni à l'Amaranthine. Elle semble plus apolaire que la bétanine.

La troisième fraction orange également différente des deux bétacyanines de référence montre un délai d'élution encore plus en retard.

5.2.3 Conclusion de la caractérisation préliminaire

Ces résultats de l'analyse des fractions obtenues par chromatographie sur le gel de Sephadex nous ont permis d'avoir une idée des types des bétacyanines contenues dans les extraits. Néanmoins, ils ne sont pas suffisants pour établir des structures moléculaires des composés. En effet beaucoup de bétacyanines ont une λmax située entre 535 et 540nm [Piattelli et al., 1964a].

Dans les écorces des deux espèces il semble coexister plusieurs types de bétacyanines

En ce qui concerne les bétalaïnes en général, des deux plantes, même si nous n'avons pas particulièrement insisté sur l'étude des bétaxanthines, les résultats de l'extraction par fractionnement (avec l'éthanol bouillant) montrent la présence de bétaxanthines dans les deux espèces et confirment le fait que généralement les deux pigments demeurent associés [Piattelli et al., 1964a].

Pour affiner les résultats de caractérisation moléculaire des bétacyanines nous avons eu recours à une méthode plus rigoureuse et précise. En effet vu la très grande fragilité des bétalaïnes, une séparation par HPLC suivie d'une chromatographie analytique HPLC-DAD et ESI-SM est généralement la méthode recommandée.

6. Détermination HPLC des phénoliques sensu stricto et des bétalaïnes

6.1 Données de l'analyse HPLC

Les pigments obtenus par fractionnement sur colonne de Sephadex étaient très instables. Il n'a donc pas été possible de les utiliser pour l'étude HPLC car il y avait des risques d'artefacts et donc de résultats incomplets. C'est pourquoi nous avons utilisé une méthode de fractionnement rapide d'extrait aqueux par de l'acétate d'éthyle. Cette méthode nous a permis de faire une séparation préliminaire des bétalaïnes (présentes dans la phase aqueuse rouge), des autres composés phénoliques (phase acétate d'éthyle incolore) [Stintzing et al., 2003]. Ces fractions ont été analysées par HPLC. En effet lors de la caractérisation par analyse sur colonne de Sephadex nous avons pu séparer plusieurs bétacyanines sur la base de leur temps de rétention et de leur couleur, en comparaison de substances de référence. Mais certaines des bétacyanines n'étaient plus en bon état, à cause de leur fragilité une fois purifiées. Pour confirmer les résultats obtenus et améliorer la connaissance de la chimie des composés phénoliques en général (y compris des bétalaïnes) des extraits aqueux, nous avons entrepris l'analyse de ces substances (acides phénols, flavonoïdes, bétacyanines) par HPLC. La chromatographie liquide à haute performance permet de séparer les composés en fonction de leur polarité. Après passage sur la colonne, les acides phénols, les flavonoïdes et les bétacyanines ont été caractérisés sur la base de leur temps de rétention sur la colonne, des valeurs caractéristiques de leur spectre d'absorption dans l'UV-visible en comparaison avec les mêmes paramètres des substances de référence correspondantes. De plus l'analyse par spectrométrie de masse des molécules précédemment séparées par la colonne a permis d'identifier avec plus de précision les structures moléculaires des composés de l'extrait aqueux qui ont pu être séparés par la colonne HPLC. Pour les composés ainsi identifiés nous avons procédé à la quantification à l'aide de courbe d'étalonnage construite avec les substances de référence correspondantes. Les résultats de ces quantifications, exprimés en mg/100g de matière sèche, de même que les données UV-visible les données MS et les noms des composés identifiés sont consignés dans les tableaux 11, 12, 13 respectivement pour les acides phénols, les flavonoïdes et les bétacyanines de *A.spinosus* et de *B. erecta*.

Tableau 12: Données d'analyses HPLC-ESI-MS/MS d'acides phénols et flavonoïdes d'*A. spinosus*

	temps de rétention [min]	HPLC-DAD λmax [nm]	[M-H]⁻ m/z	Analyse HPLC-ESI(-)-MSⁿ m/z (% pic de base)	Teneur [mg/100g]
Ester caféoyl- acide quinique	15.6	243, 302sh, 327	353	- MS² [353]: 191 (62), 173 (100), 155 (4), 111 (15) - MS³ [353 → 173]: 155 (23), 129 (6), 111 (100)	109.2 ± 15,6
Ester caféoyl- acide quinique	16.1	234, 314	353	- MS² [353]: 191 (60), 173 (100), 155 (7), 111 (18) - MS³ [353 → 173]: 155 (24), 129 (10), 111 (100)	5.5 ± 0.5
Ester caféoyl- acide quinique	21.3	233, 301sh, 314	337	- MS² [337]: 173 (100), 155 (4), 111 (18) - MS³ [337 → 173]: 155 (25), 111 (100)	54.6 ± 6.0
Ester caféoyl- acide quinique	22.6	232, 310	337	- MS² [337]: 191 (7), 173 (100), 155 (5), 111 (19) - MS³ [337 → 173]: 155 (23), 111 (100)	17.5 ± 2.0
Ester féruloyl- acide quinique	24.2	239, 302sh, 328	367	- MS² [367]: 173 (100), 155 (10), 111 (31) - MS³ [367 → 173]: 155 (25), 111 (100)	57.4 ± 5.5
Ester féruloyl-acide quinique	25.0	234, 322	367	- MS² [367]: 173 (100), 155 (8), 111 (25) - MS³ [367 → 173]: 155 (27), 111 (100)	6.5 ± 0.2
Quercetine 3-O-diglycoside	25.9	231, 257, 264sh, 300sh, 357	609	- MS² [609]: 301 (100), 300 (37) - MS³ [609 → 301]: 179 (96), 151 (100)	1.9 ± 0.3
Quercetine 3-O-rutinoside	26.6	231, 256, 264sh, 302sh, 354	609	- MS² [609]: 301 (100), 300 (21) - MS³ [609 → 301]: 271 (100), 255 (87)	36.4 ± 9.8
Quercetine 3-O-glucoside	28.0	231, 256, 263sh, 302sh, 354	463	- MS² [463]: 301 (100), 300 (15) - MS³ [463 → 301]: 179 (86), 151 (100) - MS³ [463 → 300]: 271 (100), 255 (70)	9.0 ± 1.9
Kaempférol 3-O-diglycoside	33.5	231, 265, 300sh, 348	593	- MS² [593]: 285 (100), 284 (6) - MS³ [593 → 285]: 267 (50), 257 (100), 241 (31), 229 (49), 213 (68), 197 (35), 163 (28)	7.0 ± 1.8

Tableau (suite): Données d'analyses HPLC-ESI-MS/MS des acides phénols et des flavonoïdes *B. erecta*

Composé	t	λ (nm)	[M-H]	MS/MS	Concentration
Procyanidine B1	10.4	233, 279	577	- MS² [577]: 559 (31), 451 (30), 425 (100), 407 (71), 289 (21)	7.8 ± 0.5
Catéchine	12.9	233, 279	289	- MS² [289]: 245 (100), 205 (33), 203 (14), 179 (14), 175 (14), 161 (25)	19.5 ± 0.2
Procyanidine B2	14.6	232, 280	577	- MS² [577]: 559 (28), 451 (40), 425 (100), 407 (58), 289 (17) - MS³ [289 → 245]: 227 (17), 203 (100), 188 (30), 187 (14), 175 (20), 161 (26)	9.3 ± 0.6
Epicatéchine	17.3	232, 280	289	- MS² [289]: 245 (100), 205 (30), 203 (14), 179 (17) - MS³ [289 → 245]: 227 (28), 203 (100), 188 (15), 187 (14), 175 (20), 161 (26)	7.0 ± 0.5
Procyanidine dimérique	19.7	232, 279	577	- MS² [577]: 559 (19), 451 (100), 407 (75), 289 (10)	19.2 ± 0.7
Quercetine 3-O-diglycoside	29.6	230, 255, 264sh, 298sh, 354	609	- MS² [609]: 301 (100), 300 (54) - MS³ [609 → 301]: 179 (100), 151 (93)	0.6 ± 0.2
Quercetine 3-O-rutinoside	30.3	234, 256, 263sh, 301sh, 353	609	- MS² [609]: 301 (100), 300 (27) - MS³ [609 → 301]: 179 (100), 151 (83)	133.4 ± 8.1
Quercetine 3-O-glucoside	31.8	231, 256, 263sh, 303sh, 354	463	- MS² [463]: 301 (100), 300 (16) - MS³ [463 → 301]: 179 (100), 151 (88)	10.8 ± 2.1
Kaempférol 3-O-diglycoside	37.1	231, 265, 301sh, 346	593	- MS² [593]: 285 (100), 284 (5) - MS³ [593 → 285]: 267 (58), 257 (100), 241 (33), 229 (42), 163 (41)	5.0 ± 0.3
Isorhamnetine 3-o-diglycoside	37.6	230, 255, 264sh, 303sh, 353	623	- MS² [623]: 315 (100), 300 (14) - MS³ [623 → 315]: 300 (100)	1.9 ± 0.2
Isorhamnetine 3-O-rutinoside	38.8	233, 255, 264sh, 303sh, 354	623	- MS² [623]: 315 (100), 300 (12) - MS³ [623 → 315]: 300 (100)	112.6 ± 9.6
Isorhamnetine 3-O-glucoside	40.0	230, 255, 264sh, 295sh, 354	477	- MS² [477]: 315 (100), 300 (11) - MS³ [477 → 315]: 300 (100)	1.7 ± 0.1

143

Tableau 13: Données d'analyse HPLC-ESI-MS/MS de bétacyanines d'*A. spinosus* et de *B. erecta*

	Temps de rétention [min]	HPLC-DAD λmax [nm]	[M+H]+ m/z	HPLC-ESI(+)-MS² m/z (% pic de base)	Aire à 538 nm [%]	Teneur [mg/100 g]
A. spinosus						23.9±0.0 a)
1 Amaranthine	9.6	538	727	MS²[727] : 551(28), 389(100)	63.4	15.13
1' Isoamaranthine	10.8	538	727	MS²[727] : 551(28), 389(100)	24.60	5.87
2 Betanin	12.2	538	551	MS²[551] : 389 (100)	7.4	1.77
2' Isobetanine	14.3	538	551	MS²[551] : 389 (100)	2.1	0.50
5 _d	15.6	538	_e	_e	2.5	0.60
B. erecta						185.5±0.1 b)
2 Bétanine	12.5	538	551	MS²[551] : 389 (100)	30.3	56.21
3 _c	13.2	505	507	MS²[507] : 389 (100)	1.1	2.04
2' Isobétanine	14.0	538	551	MS²[551] : 389 (100)	30.2	56.21
4 _c	15.3	505	507	MS²[507] : 389 (100)	1.3	2.41
5 _c	15.6	538	507	MS²[507] : 389 (100)	2.6	4.82
6 _d	17.4	_e	_e	_e	2.0	3.71
7 Néobétanine	18.0	473	549	MS²[549] 387 (100)	30.3 f)	56.21
8 _d	28.2	_e	_e	_e	1.1	2.04
9 _d	29.3	_e	_e	_e	1.1	2.04

a) contenu en bétacyanine exprimé en en Amaranthine à 538 nm
b) contenu en bétalaïnes exprimé en bétanine à 538 nm et comme Néobétanine à 476 nm
c) structure dérivée bétanine décarboxylé
d) Bétacyanine de structure inconnu
e) absorption ambiguë ou signal de masse non obtenu
f) surface à 476 nm [%]

6.2 Phénoliques sensu stricto d'*A. spinosus*

Six (6) dérivés hydroxycinnamiques ont été retrouvés avec l'ester caféoyl-acide quinique comme composé prédominant.

La caractérisation des hydroxycinnamates a été basée sur les données UV et spectrales (MS) et en comparant ces données avec celles rapportée par Clifford et al. (2003 a et b) qui ont établi un schéma hiérarchique pour l'identification des dérivés hydroxycinnamiques. Comme les motifs de fragmentation lors des épreuves MS^2 et MS^3 ne concordent pas avec ceux donnés par Clifford et al. (2003 a et b), la présence des acides 3-,4-, et 5- mono-acyle chlorogéniques ne peut être exclue. De plus les temps de rétention d'un mélange d'acides 3 -, 4 -, et 5- chlorogéniques préparés par isomérisation de l'ester 5-caféoyl-quinique dans un tampon phosphate selon la méthode de Brandel et Hermann (1983) sont différents de ceux des esters caféoyl-quiniques détectés dans *A. spinosus*. Ainsi les composés sont soit des esters 1-monoacyl-chlorogéniques soit contiennent des formes peu connues d'acide quinique tels que les acides muco-quiniques ou iso-quiniques (Clifford 2003 a et b). Une autre possibilité pourrait être la présence de cis-cinnamates que l'on trouve comme artefacts de forme trans-isomères [Clifford 2003 a et b] (figure 30).

De plus quatre (4) glycosides flavonoles ont été détectés ; parmi lesquels deux sont facilement identifiables comme Quercetine (Q) –3- O- rutinoside et Q – 3-O- glucoside en se référant à leurs données UV et spectre de masse et aussi par comparaison des temps de rétention avec ceux des composés de référence (figures 31, 32, 33).

Un autre diglycoside (de Quercetine) éluant antérieurement à la rutine avec un m/z ratio de 609 a une valeur UV correspondant à celle de la Rutine. On peut dire que ce composé est un isomère (de position) de la Rutine ou bien contient des hexoses autres que le glucose et le Rhamnose. Le quatrième flavonol-glycoside a montré un ion pseudo-moléculaire de m/z 593 et un fragment proéminent de m/z 285 et a été identifié comme un Kaempférol avec un hexose et un désoxyhexose liés.

La détection de Flavonoïdes glycosides est en contradiction avec les résultats obtenus par Miean et Mohamed (2002) qui ont analysé 62 plantes tropicales pour leur teneur en flavonoïdes et ils n'avaient pas trouvé de flavonoïdes dans *A. spinosus*.

6.3 Phénoliques sensu stricto de *B. erecta*

Pour cette espèce, un profil plus complexe pour les composés phénoliques a été trouvé bien que des acides hydroxycinnamiques ne soient pas détectés.

Les flavonoles ont été facilement identifiés par comparaison avec les composés standards authentiques, à l'exception d'un composé éluant après 19,7 minutes qui peut seulement être caractérisé comme une procyanidine dimérique en utilisant les données UV et SM.

Parmi les flavonoles, les mêmes glycosides de Quercetine et de kaempférol ont été trouvés comme dans *A. spinosus* ; avec Q- 3-O-rutinoside comme le plus important (figures 17, 18, 19). De plus trois (3) isorhamnetine (I) glycosides ont été détectés ; parmi lesquels deux sont identifiés comme I –3- O-rutinoside et I-3-O- glucoside car ils correspondent aux profils des substances de référence. Le troisième dérivé isorhamnetine comporte un ion pseudo-moléculaire de m/z 623 avec une donnée UV identique à celle de I- 3-O-rutinoside. On peut donc penser qu'il comporte un hexose et un désoxyhexose. L'assignation de l'aglycone comme isorhamnetine est basée sur la fragmentation dans le MS^3. Selon Justesen (2001), les aglycones de flavonoïdes méthoxylés peuvent être distingués par spectrométrie de masse grâce à leur profil de fragmentation différent. Alors que la formation d'un fragment d'un cycle A de m/z 300 comme le plus proéminent (important) ion est une particularité de la rhamnéthine, les glycosides d'isorhamnetine produisent un intense fragment de m/z 300 en MS^3 [Schieber et al., 2002, 2003]. Dans la présente étude tous ces composés ont montré des fragments de m/z 300 dans l'épreuve MS^3 et ont donc été identifiés comme des glycosides d'isorhamnetine.

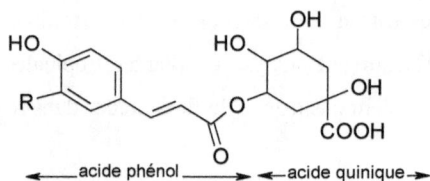

R=OH:acide phenol = acide cafeique

ester =acide chlorogenique

Figure 30: Structures d'esters d'acides phénols identifiés dans *A. spinosus*

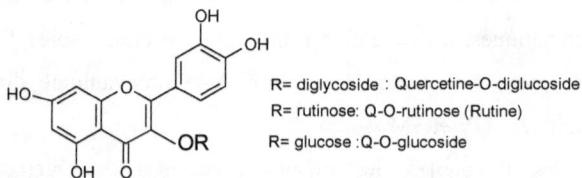

R= diglycoside : Quercetine-O-diglucoside

R= rutinose: Q-O-rutinose (Rutine)

R= glucose :Q-O-glucoside

Figure 31: Structures de quelques hétérosides flavonoïdiques (à base de Quercetine) Isolés d'*A.spinosus* et de *B. erecta*

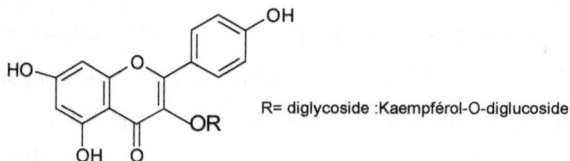

R= diglycoside :Kaempférol-O-diglucoside

Figure 32: Structures de quelques hétérosides flavonoïdiques (à base de kaempférol) isolés d'*A. spinosus* et de *B. erecta*

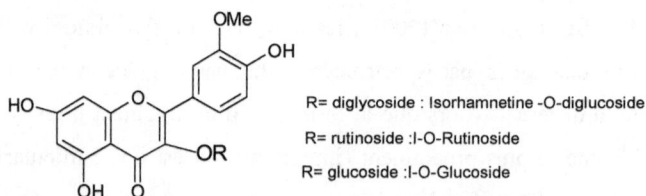

R= diglycoside : Isorhamnetine -O-diglucoside

R= rutinoside :I-O-Rutinoside

R= glucoside :I-O-Glucoside

Figure 33: Structures de quelques hétérosides flavonoïdiques (à base d'Isorhamnetine) isolés de *B. erecta*

Si des isoflavones ont pu être auparavant isolées et identifiés chez *Boerhaavia diffusa* [Kadota et al., 1990], c'est la première fois que l'on met en évidence des acides phénols et des flavonoïdes chez *B. erecta.*

6.4 Bétacyanines de *A. spinosus*

Deux pigments qui éluent (sortent) plus vite que la bétanine et l'Isobétanine ont été trouvés, ce qui indique un haut degré de glycosylation. la longueur d'onde d'absorption maximale et les données de SM ($[M+H]^+$ = 727 ; ($[M+H]^+$ = 551 = 727 − MM (acide glucuronique) = bétanine ;

[M+H] $^+$ = 389 = 551 − PM(glucose)) indiquent l'Amaranthine (figure 15) et son épimère en C_{15} (Isoamaranthine) (figure 15, tableau 13), respectivement [Huang et Von Elbe 1986, Cai et al., 2001] avec une teneur atteignant 95% de la fraction bétacyanique. Le reste est de la bétanine (2) et de l'Isobétanine (2') comme le prouvent les temps de rétention, les caractéristiques d'absorptions et l'analyse des spectres de masse ($[M+H]^+$ = 551 ; [M+H] $^+$ = 389 = 551 − MM(glucose)) de betterave rouge (figure 15, tableau 13). Des bétacyanines similaires à des teneurs comparables ont été rapportées par Cai et Corke (2001) dans les graines d'*A. spinosus*, même si c'était avec des taux de d'epimerisation plus bas (figure 34).

Un autre composé mineur (5) jusqu'ici jamais détecté dans *A. spinosus* n'a pu être assigné de façon spécifique (avec les données de MS) bien qu'il montre des temps de rétention et des caractéristiques d'absorption similaires à celles de la bétacyanine 5 (tableau 13) dans *Boerhaavia erecta.*

6.5 Bétacyanines de *B. erecta*

Les résultats de l'analyse HPLC-SM (tableau 13) de l'extrait de *B. erecta* indiquent que la bétanine (2) et l'Isobétanine(2') sont les composés prédominants avec des teneurs identiques accompagnées par de petites quantités de composés moins polaires(3,4,5), parmi lesquels deux montrent des spectres SM identiques ($[M+H]^+$ = 507 ; [M+H]$^+$ = 345 = 507 − glucose) ainsi que les mêmes λmax (tableau 13). La différence de masse (par rapport à la bétanine) de 44 (551 – 507) suggère des structures dérivées de bétanine décarboxylé. Le fait que les composés 3 et 4 aient le même λmax (505 nm) et le même ratio comparativement à la paire bétanine -Isobétanine montre qu'on peut les assigner à des isomères en C_{15}. Comme le déplacement hypsochromique de 33 nm peut être expliqué par une réduction de délocalisation des électrons π dans la molécule de bétanine, le site de décarboxylation pourrait être en C_{17}.

Cette observation est en accord avec l'étude de Minale et al. (1965). De plus des études antérieures avaient montré que les structures décarboxylées peuvent être considérées comme des résidus de dégradation thermique [Dunkelblum et al., 1972 ; Schwartz et Von Elbe, 1983], à l'exception faite de 2-décarboxy-bétanine [Kobayashi et al. 2001] qui est un pigment endogène isolé de culture de racines poilues de betteraves jaunes. Toutes ces structures décarboxylées ont les mêmes λmax car le système d'électrons π reste inchangé.

Vu qu'on n'a pas pu avoir plus de données par la fragmentation MS et que les pigments sont en très faible quantité, il n'a pas été possible d'aller plus en loin dans l'étude des pigments 3 et 4. Néanmoins en se basant sur les observations mentionnées précédemment, 3 et 4 pourraient être assignés à des structures de bétanine décarboxylées en C_{17}.

La présence des aglycones correspondants n'a pas encore jusque là été rapportée. Pour le moment on ne peut pas répondre de façon certaine à savoir si ces composés sont synthétisés de façon endogène ou seraient plutôt le produit du processus de séchage.

D'autres bétacyanines mineures (6,8 ,9) ont été détectées mais n'ont pu être caractérisées avec plus de détail (Tableau 13). Toutefois la Néobétanine (7) qui est une 14,15 déhydro-bétanine avec une apparence jaunâtre (λmax = 473) a été identifiée en se basant sur son profil de temps de rétention (comparativement à la bétanine) ainsi que l'analyse de ses données en SM ([M+H]$^+$ = 549 ; ([M+H]$^+$ = 387 = 549 – MM(glucose)). Une autre évidence de la présence de

Néobétanine est l'absence d'un isomère en C_{15} correspondant, ce qui est une caractéristique des structures de bétacyanines ayant un carbone asymétrique en C_{15}.

La Néobétanine, rarement rapportée comme pigment originel a été identifié dans la betterave rouge [Alard et al. 1985, Kujala et al. 2001] et dans la poire épineuse (Strack et al. 1987). Pour écarter (exclure) le fait que la Néobétanine puisse être un artefact produit dans les conditions acides comme cela a été mentionné par Wyler (1986), un extrait de bétalaïnes a été analysé directement (par CL-DAD) après extraction avant la séparation des composés phénoliques pour la CL-SM. De plus jusqu'à présent les traitements thermiques ne sont pas reconnus comme cause de production de Néobétanine dans les conditions de pH physiologiques [Stintzing et al., 2004]; il est donc vraisemblable que la Néobétanine soit endogène dans *B. erecta* (figure 20).

Cela est encore soutenu par le fait que dans les extraits d'écorces de tiges d'*A. spinosus* traitées (séchées) dans les mêmes conditions, avec des pH (d'extraits) assez proches (5,2 pour *Boerhaavia erecta* et 5,4 pour *Amaranthus spinosus*) aucune Néobétanine n'a été détectée dans les extraits de *A. spinosus*.

La présence de Néobétanine semble aussi être impliquée dans la l'aspect jaunâtre des extraits de *B. erecta* (L = 62,59 ; h = 16,72 ; C = 52,80) comparativement à l'extrait de *A. spinosus* (L = 60,96 ; h = 5,62 ; C = 39,59).

A coté de la différence de profil des pigments et de l'apparence tinctoriale, *B. erecta* comporte de plus grandes teneurs en bétalaïnes (185,5 mg/100g) comparativement à *A. spinosus* (23,9 mg/100g).

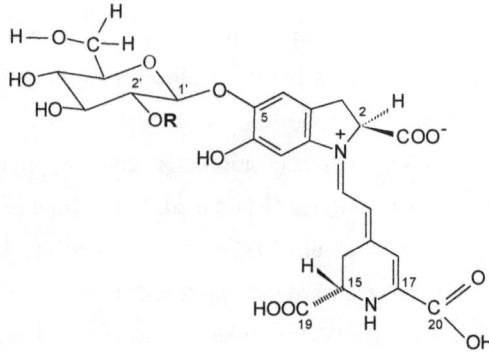

R = H: Bétanine
R = acide Glucuronique: Amaranthine

Figure 34: Structure des Bétacyanines identifiées dans *A. spinosus* et *B. erecta*

7. Synthèse et conclusion de l'étude chimique des deux espèces.

L'étude phytochimique montre que les écorces de *A.spinosus* et de *B. erecta* contiennent des stéroïdes, des terpènes, peu (ou pas) d'alcaloïdes *sensu stricto*, beaucoup de composés phénoliques (acides phénols, flavonoïdes, bétalaïnes) des acides aminés, des amines biogènes, et des acides organiques. Le fractionnement liquide-liquide de l'extrait aqueux a permis de séparer des composés phénoliques *sensu stricto* des bétacyanines. L'analyse par chromatographie sur Sephadex de la fraction bétacyanique a indiqué la présence de plusieurs types de bétacyanines.

L'analyse HPLC-DAD-ESI-MS a permis de préciser la présence, la nature exacte et les teneurs d'acides phénols, de flavonoïdes, et de bétalaïnes.

7.1 Les acides phénols :

Chez les végétaux les acides phénols ont une distribution quasi universelle. Ils sont rarement libres (sinon ce sont des artefacts d'extraction), ils sont souvent estérifiés avec des alcools aliphatiques chez la plupart des familles de végétaux [Bruneton 1993]. Les esters de l'acide quinique sont considérés comme spécifiques des Lamiaceae et des Borraginaceae. A notre connaissance c'est la première fois que l'on trouve des acides phénols dans la famille des Amaranthaceae. Quant à *B. erecta* les écorces ne semblent pas contenir d'acides phénols. Il est aussi connu que les acides phénols peuvent être amidifiés par des amines biogènes [Bruneton, 1993]; cela pourrait expliquer la présence d'amines biogènes dans les extraits des deux espèces comme l'a montré le criblage phytochimique.

7.2 Les flavonoïdes

Les flavonoïdes existent dans les différents organes de beaucoup de familles de végétaux. Les deux espèces ici étudiées contiennent des glucosides de quercetine et de kaempférol. Seul *B. erecta* contient de l'isorhamnetine. Il est aussi connu que les flavonoïdes (surtout les formes hétérosides) peuvent être acétylés par estérification avec des acides phénols. Cela pourrait être le cas dans *A. spinosus* qui contient de tels acides.

B. erecta contient des flavanols (procyanidines, et épicatéchine) contrairement à *A. spinosus* (ce qui explique l'absence de tannins, du moins dans les écorces des tiges). Des études faites sur les racines d'une espèce voisine de *B. erecta*, à savoir *B. diffusa*, [Kadota et al. 1990] ont mis en évidence la présence d'isoflavones (roténoïdes) dites Boerhavinones.

Pour *A. spinosus* aucun flavonoïde n'a été mis en évidence auparavant ; Seul Banerji (1978) avait détecté des saponosides (α-spinasterol octacosanate) dans les racines.

7.3 Les bétalaïnes

Les structures de phénoliques *sensu stricto* trouvées dans les extraits sont assez bien connues des phytochimistes car trouvés dans la plupart des extraits végétaux et ont fait l'objet de nombreuses études quant à leurs propriétés biologiques [Rice-Evans et al., 1997].

Les bétalaïnes sont les principales responsables des pigmentations rouges, présentes chez les espèces membres des familles des Amaranthaceae et des Nyctagynaceae comme dans *A. spinosus* et *B. erecta*. Les extraits d'écorces de ces deux plantes ont été caractérisés par rapport à leur profil pigmentaire.

A notre connaissance, aucune étude approfondie n'a été jusque là consacrée aux bétalaïnes des deux espèces étudiées ici. Si les bétalaïnes de la variété chinoise d'*A. spinosus* ont déjà fait l'objet d'étude [Cai et al., 1998], c'est la première fois que celles de *B. erecta* sont caractérisées aussi bien pour l'élucidation moléculaire que pour le dosage comme le montrent les données du tableau 13.

La teneur des écorces en bétacyanines de *B. erecta* dépasse celle trouvée dans certaines variétés de *Beta vulgaris* ou de Cactaceae pourtant couramment utilisées comme source de bétalaïnes. De même, l'Isobétanine trouvée dans *B. erecta* est une molécule bio-génétiquement rare *in vivo*. Les structures de bétalaïnes retrouvées sont originales et n'ont jamais été identifiées dans ces espèces. Alors que les bétacyanines d'*A. spinosus* ont été sommairement identifiées comme Amaranthine et Isoamaranthine [Cai, 1998], c'est la première fois qu'une étude identifie celles de *B. erecta* comme étant la bétanine l'Isobétanine ainsi que la Néobétanine.

A. spinosus et *B. erecta* sont les deux espèces locales les plus riches en bétalaïnes. Ces deux espèces contiennent également des acides aminés et des amines biogènes. Ces types de composés coexistent généralement avec les bétalaïnes et constituent des précurseurs de ces dernières [Stintzing et al., 2001]. Ces amines sont aussi les précurseurs de substances biologiquement actives comme les catécholamines (adrénaline et dopamine) également trouvées dans les espèces de l'ordre de Caryophyllales.

Conclusion de la partie

Ces deux espèces sont donc riches en une large gamme de composés phénoliques.

B. erecta a la plus grande teneur en bétalaïnes (186mg/100g) par rapport à *A. spinosus* (24mg/100g). Les extraits de *A. spinosus* contiennent aussi des acides hydroxycinnamiques et des flavonoïdes (Quercetine et kaempférol) alors qu'on retrouve des catéchines, des procyanidines et aussi des flavonoïdes (kaempférol et isorhamnetine) dans *B. erecta*. Les quantités des ces composés phénoliques *sensu stricto* sont de 305mg/100g pour *A. spinosus* et de 329 mg/100g pour *B. erecta*

Les composés phénoliques *sensu stricto* et surtout les bétalaïnes (phénoliques azotées et cationiques) sont bien connus pour leurs diverses activités physiologiques comprenant entre autres les activités antibiotiques, anti-carcinogènes, anti-inflammatoires, anti-athérogénique.

Ces activités sont surtout liées à leurs propriétés d'antioxydants et/ou de modulateurs enzymatiques comme l'ont montré certaines études [Rice-Evans et al.; 1997 ; Vinson et al., 1998 ; 2001; Di Carlo et al., 1999; Middleton et al. , 2000 ; ;Kanner et al. 2001 ; Ma et Kinner, 2002 ; Wettasinghe et al., 2002 ; Cai et al.,2003; Tesoriere et al., 2004].

Ainsi il semble vraisemblable que ces composés pourraient ne serait ce que partiellement participer à l'activité thérapeutique dans les utilisations de ces espèces en médicine traditionnelle.

CHAPITRE 3 : ACTIVITES BIOLOGIQUES ET POTENTIALITES THERAPEUTIQUES D'EXTRAITS DES DEUX ESPECES

1. Toxicité générale des extraits d'*A. spinosus* et de *B. erecta*

La présence de saponosides et de tannins (indiquée par le criblage phytochimique) dans les deux espèces, indiquent la nécessité de faire une évaluation toxicologique des extraits pour une sécurité des utilisations nutraceutique et/ou thérapeutique. En effet les résultats de l'enquête ethnobotanique ont montré l'utilisation traditionnelle des deux espèces pour traiter certaines pathologies. Cela nécessite par exemple des études *in vivo* afin de confirmer ou d'infirmer la validité des utilisations des deux plantes.

1.1 Résultats d'évaluation de toxicité générale aiguë

Les tracés des taux de mortalité en fonction du logarithme décimale de la concentration de décocté, nous a permis de déterminer les caractéristiques de toxicité des extraits des deux plantes comme l'indique le tableau 14

Tableau 14: Résultats d'effet dose-réponse de décocté d'écorces d'*A. spinosus* sur la mortalité de souris Swiss NMRI.

Dose (mg/kg/j)	Mortalité (%)*
1000	00
1200	20,00±00
1400	34,3±5,6
1600	60,00±00
1800	80±00
1950	100±0
$Y = 12,35985Log(X) - 34,1601; R^2 = 0,96$	
$DL_{20} = 1259,621±08,2$ $DL_{50} = 1473,43±11,1$ $DL_{90} = 1870,7682±13,5$	

*(Moyenne ± déviation standard de 3 essais, 5 animaux par lot)

Tableau 15: Résultats d'effet dose-réponse du décocté d'écorces de *B. erecta* sur la mortalité de souris NMRI suisses

Dose (mg/kg/j)	Mortalité (%)*
1000	00
1500	21±2 ;1
2000	40,5±3,6
2500	60,00±00
3000	79,3±4,2
3500	96±3;70
$Y = 7,03702Log\ (X) – 18,44884,\ R^2 = 0,96$	
$DL_{20} = 1631,60453 \pm 11,2$ $DL_{50} = 2148,87406 \pm 16,1$ $DL_{90} = 3268,38705 \pm 20,7$	

*(Moyenne ± déviation standard de 3 essais, 5 animaux par lot)

Dans les deux cas, il existe une corrélation (0,96 et 0,96 comme valeurs de R^2 respectivement pour *A. spinosus* et *B. erecta*) assez bonne entre les taux de mortalité enregistrés et les doses d'extraits administrés, comme le montre les graphiques ci-dessous.

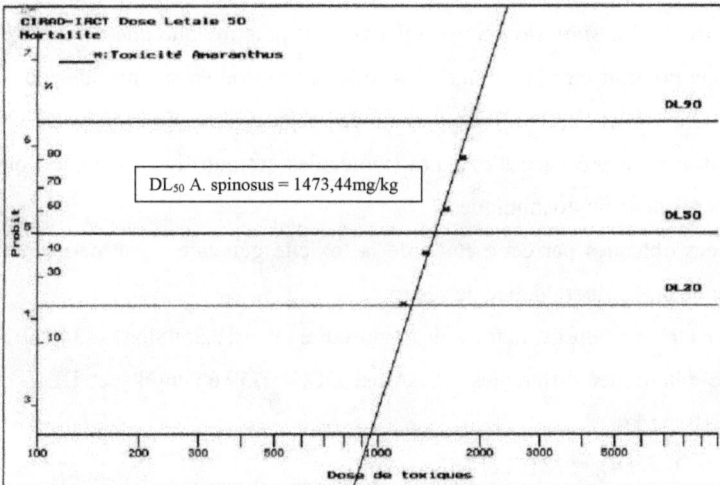

Figure 35 : Tracé de mortalité en fonction du log de la dose d'extrait *A. spinosus* utilisée

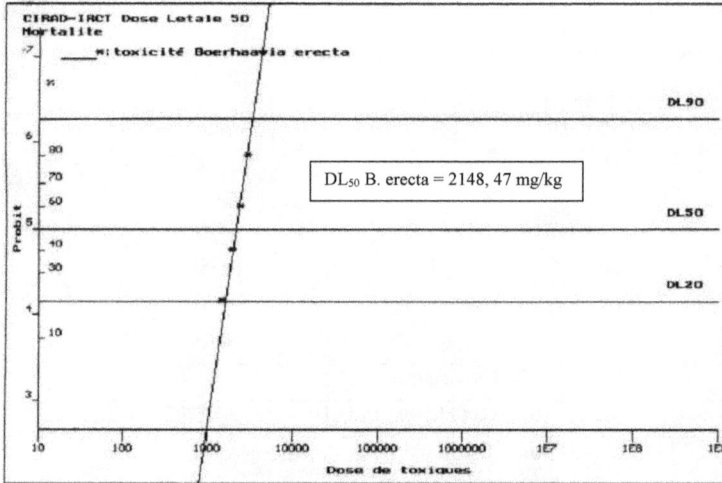

Figure 36 : Tracé de mortalité en fonction du log de la dose d'extrait de *B. erecta* utilisée

Les équations de droite de régression peuvent donc être utilisées. Ces dernières nous permettent d'obtenir les valeurs de DL_{50} suivantes : $1473,43\pm11,1$mg/kg et de $2148,87406\pm16,1$mg/kg respectivement pour *A. spinosus* et *B. erecta*

L'extrait d'*A. spinosus* semble relativement plus toxique que celui de *B. erecta*. Cela pourrait être liée à une plus forte proportion en saponosides de *A. spinosus* [Olufemi et al., 2002]. La toxicité des deux espèces pourrait aussi être en relation avec la présence d'oxalates (molécules antinutritives) comme l'ont montré les résultats phytochimiques.

Les données obtenues par cette étude de la toxicité générale aiguë permettent également de déterminer l'indice de sécurité.

Pour *Amaranthus spinosus*, le tracé dose-mortalité ($Y = 12,3598\log X -34,1601$) permet de déterminer différentes DL. Ainsi $DL_1 = 759,65$ mg/kg et $DL_{99} = 5,9375.10^{10}$ mg/kg

Ainsi $i_{AS} = DL_{99}/DL_1 = 78161217,17$

$I_{AS} > 10$: on a donc un bon indice de sécurité d'utilisation

Pour *Boerhaavia erecta* l'équation du tracé ($Y = 7,0370\log X - 18,4488$) permet de calculer la DL_1 (540,4826mg/kg) et DL_{99} (4,8990. 10^{16}. $i_{BE} = DL99/DL1 = 8,4401\ 10^{13}$.

Ici également on a $i_{BE} > 10$ ce qui correspond à un bon indice de sécurité d'utilisation.

1.2 Innocuité des extraits d'*A.spinosus* et de *B. erecta*

Nos résultats ont montré que jusqu'à 1000mg/kg les extraits des deux espèces ne montraient aucune mortalité. Les valeurs de DL_{50} obtenues sont de 1473,43 ±11,1mg/kg et 2146,86±16,1mg/kg respectivement pour *A. spinosus* et *B. erecta*. Les deux valeurs de DL_{50} obtenues sont comprises entre 500 et 5000 mg/kg. En considérant l'échelle de toxicité de Hodge et Sterner (1943), nous pouvons considérer que les décoctés des deux espèces sont très peu toxiques par voie intra-péritonéale sur souris NMRI Swiss [Hodge et al., 1943]. De même il est généralement admis que la valeur de DL_{50} obtenue par injection par voie intra-péritonéale est faible par rapport à celle obtenue par voie orale.

Dans la région du plateau central Mossi les deux espèces ici étudiées sont généralement utilisées par voie orale. Seules les substances susceptibles de traverser la barrière intestinale après ou sans modification sont à même d'atteindre le milieu intérieur. Cela diminue encore les risques potentiels de toxicité aiguë par voie orale chez l'Homme. De plus le mode de préparation (décoction) pourrait aussi contribuer à encore diminuer l'effet de toxicité aiguë. Cette étude confirme l'innocuité des deux espèces dans les conditions traditionnelles d'utilisation, ce que confirment les valeurs des indices de sécurité tous très largement supérieurs à 10.

La toxicité des extraits de ces deux espèces doit être due à des composés autres que les bétalaïnes. En effet, bien que de structure proche des alcaloïdes, les bétalaïnes ne montrent aucune toxicité sur l'organisme comme le démontre leur utilisation comme denrées alimentaires depuis longtemps (Poire épineuse

des Cactacées comestibles, Amarantes légumes ou céréales, betterave potagère..
) Les travaux de Reynosso et al. (1999) ont montré que les bétalaïnes pures sont
non toxiques jusqu'à 5000mg/kg, n'ont aucune activité nocive sur aucun organe
(cœur, foie) et n'induisent pas d'effet toxicologique (variation de poids, appétit,
altération pathologique) à moyen terme [Borkowski et al., 1966 Hill et Rawate,
1982]. Des résultats de tests biologiques (utilisant diverses souches de
Salmonella typhimurium) faits par Von Elbe et al. (1981) ont également montré
que les bétalaïnes sont dénuées d'activité carcinogénique ou mutagénique et
n'initient pas d'hépatocarcinogenèse jusqu'à 50mg/kg en masse de bétanine
pure ou dans les denrées alimentaires jusqu'à 2000mg/kg. Ces composés ne
présentent aucune cytotoxicité. La bétanine est un colorant naturel largement
utilisé [Von Elbe et al., 1981].

Il a été parfois observé qu'après ingestion de produits à bétalaïnes (surtout
de betterave rouge), la bétanine (rouge) apparaissait dans l'urine chez certaines
personnes : c'est la bétanurie, dont l'étiologie semble liée à des déterminismes
génétiques intervenant sur la métabolisation des bétalaïnes chez ces personnes.
Aucun effet néfaste pour la santé humaine n'a été constaté dans les cas de
bétanurie étudiées [Krantz et al., 1980]. Néanmoins des études sur les effets sur
le tractus digestif ou sur les composantes du sang pourraient encore améliorer la
sécurité d'emploi alimentaire ou thérapeutique de ces extraits.

2. Propriétés antioxydantes d'extraits d'*A. spinosus* et de *B. erecta*

2.1 Activité antioxydante des extraits de plantes

Les résultats d'évaluation de l'activité antiradicalaire de différentes
fractions d'extraits de poudres d'écorces des deux espèces sont indiqués par les
courbes de la figure 21 ci dessous. Pour chaque cas, la valeur de CAR_{50} a été
calculée, grâce à la droite de régression obtenue avec le graphe de la fonction

d'inhibition d'absorption des radicaux d'ABTS en fonction de la concentration massique d'extrait.

2.1.1 Activité antiradicalaire des phénoliques totaux (extraits avec acétone 70%)

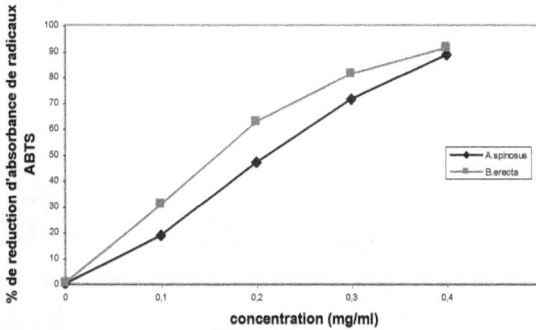

Figure 37: Activité antiradicalaire des phénoliques totaux d'*A.spinosus* et de *B. erecta*

Les tracés obtenus (figure 37) montrent que les extraits de phénoliques totaux des deux espèces sont capables de réduire les radicaux libres d'ABTS. Les mesures des capacités antiradicalaires à 50% (calculées à partir des pentes des droites de régression des données numériques présentées en annexe III) montrent que l'activité de *B. erecta* (CAR_{50} de 171,2±0,00μg/ml) est supérieure à celle d' *A. spinosus* (214±10 μg/ml). Les extraits des phénoliques totaux des deux espèces ont des activités assez faibles par rapport à celle de l'Epigallocatéchine (12,2±0,00 μg/ml). *A. spinosus* et *B. erecta* sont respectivement 18 et 14 fois moins efficaces que l'Epigallocatéchine.

2.1.2 Activité antiradicalaire de phénoliques lipophiles de l'extrait aqueux.

Les fractions des phénoliques ont été obtenues par fractionnement de l'extrait aqueux avec de l'acétate d'éthyle.

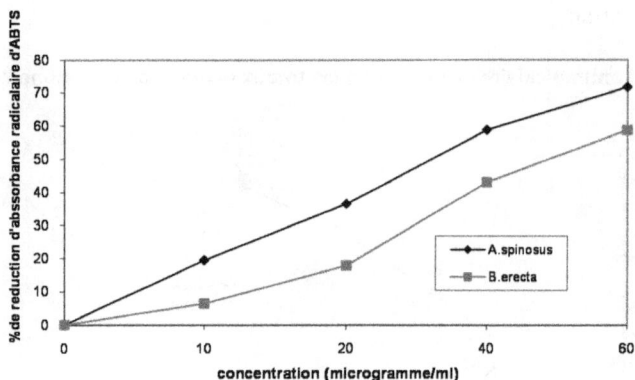

Figure 38: Activités antiradicalaire des phénoliques lipophiles *d'A.spinosus et de B. erecta*

Les graphiques de la figure 38 montrent que les deux extraits sont capables de réduire les radicaux libres d'ABTS. L'activité de l'extrait d'*A.spinosus* (CAR_{50} = 35,2± 0,71 µg/ml) est supérieure à celle de *B. erecta* (CAR_{50} = 51,2±1,72 µg/ml).

2.1.3 Activité antiradicalaire des bétacyanines des extraits.

Les fractions bétacyaniques ont été obtenues par délipidation (avec de l'acétate d'éthyle) de l'extrait aqueux. Nous n'avons pas pu utiliser les extraits entièrement purifiés sur gel car dans nos conditions de travail (température élevée) la durée de la purification totale a entraîné un début de dégradation des bétalaïnes.

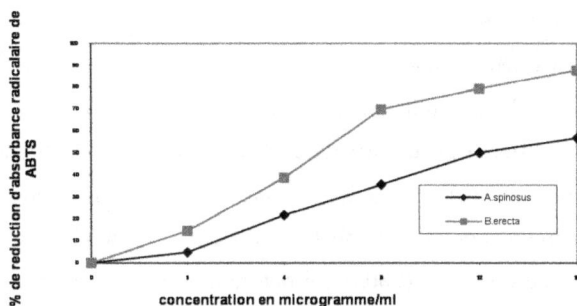

Figure 39: Activité antiradicalaire de fractions bétacyaniques d'*A.spinosus* et de *B. erecta*

Les résultats obtenus représentés par la figure 39 montrent que les bétacyanines de *B. erecta* ont une activité antiradicalaire (5,54 µg±0,07/ml comme CAR_{50}) supérieure à celle d'*A.spinosus* (13,3±0,11 µg/ml comme CAR_{50}).

Un certain nombre de remarques peuvent être faites en considérant l'ensemble de ces résultats d'activité antiradicalaire résumés dans le tableau (16)

Tableau 16: Synthèse des résultats d'activité antiradicalaire des fractions des extraits

plantes	Activité antiradicalaire (CAR_{50})		
	Phénoliques totaux	phénoliques non pigmentaires	bétalaïnes
A. spinosus	214±10,20 µg/ml	35,2±0,71 µg/ml	13,3±0,11 µg/ml
B. erecta	171,2 ±7,14µg/ml	51,2±1,72 µg/ml	5,54±0,07µg/ml

Pour l'Epigallocatéchine gallate la CAR_{50} trouvée est : 0,0122mg/ml (**12,2** µg/ml).

Les fractions bétalaïniques sont meilleures que celles de phénoliques quant à l'activité antiradicalaire comme le montrent les valeurs du tableau 16. Les phénoliques lipophiles de *A. spinosus* (CAR_{50} de 35,2 mg/ml) sont plus antiradicalaires que celles de *B. erecta* (CAR_{50} de 51,2 mg/ml). Cela pourrait s'expliquer par les types moléculaires des phénoliques des deux espèces. Selon le nombre et la position des groupements hydroxyles, selon qu'ils sont sous forme d'aglycones ou d'hétérosides ; tous ces facteurs influent sur l'activité réductrice [Buenavente-Garcia, 1997].

Les fractions bétacyaniques sont les plus actives des trois. La différence d'activités entre les bétacyanines d'*A.spinosus* et celles de *B. erecta* pourrait aussi relever de différences de structures. Les résultats d'identification par HPLC ont montré que pendant qu'*A.spinosus* contient de l'Amaranthine, *B. erecta* a majoritairement de la bétanine. Cette différence d'activité est en accord avec les résultats de Cai et al. (2003) qui ont montré que la bétanine avait une activité réductrice au moins double de celle de l'amaranthine.

2.1.4 Identification des fractions les plus efficaces pour l'activité antioxydante

L'analyse combinée des résultats de dosage des phénoliques totaux et de ceux des activités antiradicalaires de ces phénoliques montre une tendance à une corrélation entre la teneur et l'activité antiradicalaire : *B. erecta* a 1,37 fois plus de phénoliques que *A. spinosus* ; le rapport entre leur activité antiradicalaire est également du même ordre (1,25).

Les travaux de nombreux auteurs ont montré que les résultats d'évaluation de l'activité antiradicalaire avec les radicaux d'ABTS indiquent également l'activité antioxydant [Butera et al., 2002 ; Stintzing et al., 2005].

Le plus souvent, lors d'études faites sur l'activité antioxydante d'extrait de plantes, aucune corrélation n'a été trouvée entre la teneur en phénoliques totaux [Heinonen et al., 1997, Kahkonen et al., 1999] et l'activité antioxydante. En effet, il est bien connu que les différents composés phénoliques ont des réactivités différentes avec le réactif de Folin.

De même l'activité (le comportement) d'antioxydant moléculaire des composés phénoliques varie considérablement en fonction de leur structure chimique. Ainsi l'activité d'antioxydant d'un extrait ne peut être prédit en se basant uniquement sur sa teneur en phénoliques totaux (déterminée par la méthode au réactif de Folin-Ciocalteu) [Heinonen et al., 1998, Kahkonen et al., 1999]

En supposant que l'activité antiradicalaire soit due essentiellement à des composés à structure phénolique, il nous a semblé nécessaire d'effectuer un fractionnement de l'extrait aqueux afin d'identifier les constituants chimiques responsables de l'essentiel de l'activité d'antioxydant ici observée. C'est cela qui nous a amené à séparer les phases lipophile et aqueuse de l'extrait aqueux des poudres d'écorces des deux espèces.

Les résultats de calcul des indices d'activité antioxydante des fractions (IAOX) donnés par le tableau 17 ci-dessus permettent d'évaluer la contribution en activité antioxydant des différents types de molécules antiradicalaires des extraits des deux espèces ici étudiés.

Tableau 17: Indice d'activité antioxydant des fractions des deux extraits

plantes	IAOX		
	phénoliques totaux	phénoliques lipophiles	bétalaïnes
A. spinosus	2512/214 = **11,73± 0,52**	305/35,2 = **08,66±0,50**	23,9/13,3 = **1,79±0,02**
B. erecta	3460/171,2 = **20,21±1,72**	328,8/51,2 = **06,42±0,32**	185,5/5,54 = **33,48±1,93**

L'indice IAOX évalue de manière combinée l'importance quantitative et qualitative des différents types de composés doués d'activités antiradicalaires dans un extrait. Cela permet donc de faire une analyse comparative.

Les indices d'activité antiradicalaire des phénoliques lipophiles et ceux des phénoliques totaux des extraits des deux espèces devraient évoluer dans le même sens. Les résultats du tableau 17 montrent le contraire : pour les phénoliques lipophiles on a un indice de 08,66 pour *A. spinosus* contre 06,42 pour *B. erecta* ; pour les phénoliques totaux, l'indice d'*A. spinosus* est inférieur à celui de *B. erecta*. Par rapport aux fractions bétacyaniques, les résultats montrent un sens d'évolution comparable des indices des phénoliques totaux et ceux des bétacyanines des deux espèces.

Les bétalaïnes de *B. erecta* présentent la meilleure teneur ainsi que la meilleure activité.

Ces résultats montrent que les bétalaïnes pourraient avoir une contribution prépondérante dans l'activité antiradicalaire des extraits de ces deux plantes. De plus les teneurs en phénoliques lipophiles (ou non pigmentaires) sont presque identiques dans les deux espèces. Les résultats précédents ont montré que les activités antiradicalaires des fractions de composés phénoliques *sensu stricto* sont faibles par rapport à celles de bétalaïnes. Ainsi par exemple pour *B. erecta* on a trouvé des valeurs de $CAR_{50 \text{ de}}$ 51,2 mg/ml et de 5,54mg/ml respectivement pour les phénoliques et pour les bétacyanines.

En reliant ces résultats à ceux de l'enquête ethnobotanique, montrant l'utilisation préférentielle des organes les plus pigmentés (riches en bétalaïnes) et en se rappelant que l'activité antioxydante intervient dans certaines activités biologiques de plantes médicinales [Kahkonen et al. 1999] on pourrait attribuer l'essentielle de l'activité antioxydant des deux espèces aux bétalaïnes. De plus des observations de terrain nous ont montré que chez les deux espèces la production de bétalaïnes est maximale surtout en situation de stress biotique ou abiotique (ensoleillement excessif, exposition aux UV. Des expériences *in vitro* ont montré que lorsqu'une culture cellulaire de *Beta vulgaris* est exposée à des oxydants de synthèse (comme le ter-butylhydropéroxyde), elle réagit par une production importante de bétalaïnes, [Matsuo et al., 1988 ; Schliemann et al., 1996 ; Pavlov et al., 2001]. Il est connu que les plantes luttent contre les stress oxydants par synthèse accrue de leurs métabolites secondaires antiradicalaires les plus actifs [Singh et Chabra, 1976 ; Sarma et Sharma, 1997].

Chez les espèces à bétalaïnes, ces molécules semblent constituer l'un des meilleurs moyens pour la protection de l'ADN des tissus les plus exposés. Les résultats de l'étude histochimique ont montré que les bétalaïnes sont surtout localisées dans les tissus périphériques (écorces) des parties les plus exposées aux radiations UV. Lorsqu'on expose une racine *A.spinosus* ou de *B. erecta*, au soleil, elle commence à se pigmenter en rouge au bout de quelques jours. Ce fait peut être relié aux travaux de Sarma et Sharma (1999) qui ont montré que les bétalaïnes tout comme les anthocyanes forment des complexes de copigmentation avec les molécules d'ADN. Ces études ont montré que dans de tels complexes, aussi bien les bétalaïnes que l'ADN présentent une meilleure résistance aux radicaux hydroxyles (induits par réaction de fenton) par rapport à leurs états isolés respectifs. Il semble que c'est par ce phénomène que l'on puisse expliquer le fait que dans ces conditions d'extrême stress les bétalaïnes restent stables et ainsi protègent le patrimoine génétique de la plante contre les radiations UV. Cette copigmentation n'est qu'un des modes d'action des bétalaïnes qui n'exclut pas l'activité d'antioxydant humoral.

L'ensemble de ces données montre que les bétalaïnes pourraient être les composés les plus actifs pour l'activité antioxydante des extraits d'*A. spinosus* et *B. erecta*.

Quant au mode d'action, les bétalaïnes pourraient agir comme antioxydant par l'un des mécanismes suivants :

- réduction de radicaux organiques (ou non) libres par don d'hydrogène ou d'électron (grâce à leurs groupements phénoliques),

- chélation ou réduction de métaux pro-oxydant [Attoe et al., 1984, Cheftel, 1977]. Cette fonction de chélation serait amplifiée par leur groupement fonctionnel pyridoxine dicarboxylique (bien connu chez l'EDTA). Les bétalaïnes ont une fonction amine cyclique comme l'Ethoxyquin, un antioxydant très puissant utilisé pour stabiliser les lipides [Kanner et al., 2001].

Les données de potentiel redox [Butera et al., 2002] permettent de dire que les bétalaïnes réduisent aussi bien les lipopéroxyl que les radicaux alkoxyls.

Le voltammogramme montre aussi que les formes oxydées quinoléiques des bétalaïnes ne peuvent plus se réduire (par captation d'électrons, autrementdit en devenant oxydants) ; ils sont assez stables [Martinez-Parra et Munoz, 2001].

Comparativement, des études montrent que les flavonoïdes (meilleurs antioxydants phénoliques non bétalaïniques) agissent surtout en tant que réducteurs et très peu comme chélateurs [Buenavente-Garcia et al., 1997]. Les bétalaïnes (composés à phénols et amine cyclique) ont deux types de groupes donneurs d'électrons ou d'hydrogène alors que les autres phénoliques n'en ont qu'un seul type. De plus les amines cycliques sont plusieurs fois meilleures réductrices de radicaux libres que les phénols [Kanner et al., 1996, 2001].

Par rapport aux antioxydants vitaminiques (que l'on trouve également dans les deux espèces), les travaux de Tesoriere et al. (2005) ont montré que contre la lipoperoxydation athérogénique des LDL par la Myelopéroxydase (en présence de nitrite), la bétanine est dix fois plus efficace que la vitamine C; (IC$_{50}$ de 1,4 µM et 15, 6 µM respectivement pour la bétanine et la vitamine C).

Quant à la biodisponibilité (possibilité pour les composés bioactifs d'atteindre le milieu intérieur) des études ont montré que les bétalaïnes sont bien absorbées dans l'intestin grêle humain [Kanner et al., 2001]. Les autres phénoliques *sensu stricto* sont généralement mal absorbés et surtout leur structure chimique ne leur donne aucune affinité avec les membranes cellulaires [Kahkonen, 2003 ; Tesoriere et al., 2003 et 2004 ; Butera et al., 2002 ; Mazza et al., 2002].

Par ailleurs, des études ont montré l'existence d'une bonne corrélation entre l'activité antioxydante et la composition en acides aminés (particulièrement en proline, tyrosine, phénylalanine, histidine) d'extrait végétal. En effet ces acides aminés font partie des composés antioxydants naturels de certaines plantes. Les activités antioxydantes de certains acides aminés libres (histidine, taurine, glycine, alanine,) et de leurs oligomères (carnosine) ont été démontrés [Torregiani et al., 2002].

La chimie redox des acides aminés comme la cystéine, la méthionine, la phénylalanine, la tyrosine et le tryptophane joue un rôle dans leurs activités antioxydantes. Les propriétés réceptrice, catalytique, et de réponse des systèmes phénoliques, amines et du soufre reposent sur des changements structuraux, réversibles ou irréversibles, selon leur degré d'oxydation entraînant des propriétés chimiques distinctes. Le soufre a pour caractéristique de pouvoir revêtir six stades d'oxydations. Il en est de même, formellement, des cycles aromatiques où on a également 6 degrés d'oxydation possibles du cycle.

La réponse au stress oxydant est variée depuis un simple don d'électrons (cystéine dans la glutathion (GSH), une catalyse (cystéine dans la glutathion réductase et la péroxyrédoxine) à des mécanismes plus complexes de perception et de réponses, comme avec la cystéine dans des complexes basculeurs redox.

La réponse la plus élémentaire est probablement celle où l'oxydation d'une chaîne latérale d'un acide aminé crée une espèce réductrice bien que cela soit paradoxal, mais qui se comprend si on envisage les multiples degrés possibles d'oxydation. L'oxydation crée des composés au pouvoir réducteur renforcé. On peut ainsi expliquer que l'oxydation de certains acides aminés, soit soufrés, soit aromatiques puisse transformer une protéine sans effet redox comme l'albumine en composés momentanément réducteurs ou oxydants [Rival et al., 2001].

Les bétalaïnes sont constituées de deux molécules de dopa (phénylalanine dihydroxylé). De plus en tant qu'espèces halophiles, beaucoup de plantes à bétalaïnes toutes les plantes à bétalaïnes contiennent beaucoup d'acides aminés osmorégulateurs et antioxydants comme la proline, constituant des bétaxanthines [Stintzing et al., 2003].

2.2 Propriétés des bétalaïnes favorisant leur activité biologique

Les résultats précédents (ethnobotanique, biochimiques) ont d'une part renforcé l'hypothèse que les bétalaïnes puissent être les principaux principes actifs antioxydants des deux espèces ici étudiées et d'autre part que ces substances pourraient avoir une action thérapeutique.

Les résultats d'autres travaux montrent que les bétalaïnes possèdent de nombreux atouts biologiques pour servir comme antioxydant thérapeutique comparativement à d'autres phytomolécules.

Des travaux de [Zakharova et Petrova, 1997 ; Shih et Wiley, 1982 ; Sood et Chauban, 1982 ; Wasserman et Guilfoy, 1983] ont montré que chez *Beta vulgaris* les enzymes de décoloration (cellulase, beta-glucosidases, polyphenoloxydases et peroxydases) liées à la membrane cellulaire des cellules des tissus riches en bétalaïnes étaient activées lors de stress physico-chimiques (chaleur, acidité, alcalinité). Ils ont suggéré que ce comportement métabolique des bétalaïnes et de leurs enzymes puisse être comparable à celui d'autres substances organiques alexines telles que les oxalates présents dans les plantes et qui ont pour rôle connu d'empêcher le broutage par les herbivores [Conrad et al. 1990].

Les oxalates sont irritants et anti enzymatiques (par chélation de cations métalliques) d'où ballonnement des animaux qui broutent les plantes qui en sont riches [Conrad et al., 1990].

De nombreuses études ont montré que les bétalaïnes pénètrent la membrane cellulaire [Kanner et al. 2001]. En effet, il a été montré que bien qu'elles soient hydrophiles les bétalaïnes sont capables de se lier aux LDL (sur leur partie protéique) et aux membranes cellulaires aussi bien *in vivo* que *in vitro* [Tesoriere et al., 2004]. Les bétalaïnes se lient à la double couche de palmitoylphosphatidylcholine (liposome) avec une constante de liaison de 3×10^3 M^{-1} à 37 ° C [Tesoriere et al., 2004]. La charge positive de l'azote pyrrolidinique semble importante dans l'interaction avec les sites polaires des LDL ou des membranes cellulaires. Il est connu que la cationisation d'enzyme, comme la catalase, accroît son affinité pour la membrane et est bénéfique pour son activité contre le stress oxydant dans l'épithélium intestinal de rat [Kohn et al., 1992 ;Kanner et al., 2001 ; Tesoriere et al., 2004].

Ces affinités des bétalaïnes pour les membranes cellulaires est un atout pour leur activité biologique intracellulaire Les expériences *ex-vivo* [Tesoriere et al., 2004] ont montré que les bétalaïnes améliorent l'état des membranes d'hématies en empêchant la peroxydation des lipides membranaires.

Il a été également montré que les bétacyanines (hétérosides) présentent une meilleure activité antioxydante par rapport à l'alpha tocophérol, à la bétanidine (aglycone de bétalaïne) et à la catéchine [Kanner et al., 2001 ; Cai et al., 2003]. Ce fait pourrait être lié à la haute hydrophilité des systèmes à Cytochromes (groupe générateur de radicaux libres biologiques ayant le fer comme catalyseur) sur lesquels pourraient agir les antioxydants. Kanner et al. (2001) ont montré que les bétalaïnes sous formes glycosides comme la bétanine agissent sans dégrader leur fonction amine cyclique) alors que tous les phénols simples quinolisent rapidement.

L'activité biologique d'antioxydant des bétalaïnes s'exercerait aussi par effet d'inhibition d'enzyme pro-oxydatives :

Les Polyphénoloxydases (PPO) présentes dans les plantes à bétalaïnes sont des enzymes à site actif formé de disulfide résultant de l'oxydation (par métaux Cu, Fe) de sulfihydryl.

$$2RSH + M^0 \longrightarrow R\text{-}S\text{-}S\text{-}R + M^{+1}$$

Les réducteurs (Na_2SO_3, Dithiothreitol, phenylhydrazine, cysteine, EDTA) inhibent ces enzymes, tout comme les chélateurs de métaux. Zakharova et Petrova. (1997) ont montré que la bétanine était capable d'agir comme inhibiteur de la lipo-oxygénase (par déstabilisation du cofacteur ferreux de l'enzyme).

2.3 Potentialités thérapeutiques des deux espèces dans le traitement des maladies de dégénérescence oxydative

Des études ont montré que la consommation de produits d'origine végétale (fruits, légumes et phyto-médicaments) est corrélée à une faible incidence de maladies de stress oxydant tels que les cancers, les maladies cardio-vasculaires [Kahkonen et al., 1999 ; Vinson et al., 1998]. Cet effet protecteur serait lié aux activités d'antioxydants des phytomolécules contenues dans ces plantes.

Les activités antioxydantes des fractions bétacyaniques des deux espèces, la préférence des spécimens les plus pigmentés lors de l'utilisation éthnomédicinale, les propriétés connues de s bétacyanines des deux espèces, sont des faits qui devraient permettre de tenter d'avancer des hypothèses explicatives des utilisations traditionnelles des deux espèces (et des plantes à bétalaïnes en général) pour soigner certains pathologies. C'est le cas des maladies de dégénérescence oxydative comme les cancers, les maladies inflammatoires, les maladies cardio-vasculaires, les maladies liées au tabagisme et à l'alcool.

Les valeurs de CAR_{50} obtenues (13,3 µg/ml et 5,54 µg/ml respectivement pour les fractions bétacyaniques d'*A. spinosus* et de *B. erecta*) avec l'évaluation antiradicalaire montrent que les extraits des deux plantes ont des activités antioxydantes meilleures que celles de certaines plantes médicinales (utilisées pour leur pouvoir antioxydant). C'est le cas de l'extrait d'acétone aqueux de fleurs de Camomille (*Matricaria chamomilla*) qui à 500 ppm (500µg/ml), ne permet que 16 % de réduction de radicaux libres). Les activités des extraits sont comparables à celles obtenues avec des espèces comme le thym (*Thymus vulgaris*) qui produit 97% de réduction de radicaux avec 500 ppm [Kahkonen et al., 1999, Miliaukas et al., 2004]. Ces résultats indiquent que les fractions bétalaïnes des deux espèces comportent de bonnes potentialités pour servir comme antioxydants naturels en phytothérapie.

2.3.1 Potentialité anti-tumorale d'*A. spinosus* et de *B. erecta*

Les travaux de Kapadia et al., (1997 ; 1999, 2001) ont montré l'efficacité des bétalaïnes (et surtout de la bétanine, molécule identifiée dans les extraits des deux espèces) par voie orale contre la carcinogenèse de différents organes (peau, poumons, foie) induite par différents types de carcinogènes chimiques. Ces résultats ont montré que même avec une dose de 0,0025% (25 ppm) il y a efficacité. Ces travaux ont permis de valider l'utilisation traditionnelle de la betterave comme remède anti-cancer certains pays la Finlande, la Hongrie et les USA [Seeger, 1967]. D'autres études [Kuramoto et al., 1996 ; Patkai et al., 1997] ont également confirmé ces résultats. Cette activité a pu être expliquée par les propriétés biologiques des bétalaïnes (antioxydants, chélateurs de métaux toxiques).

Les bétalaïnes, comme beaucoup d'autres phénoliques, seraient d'abord anti-cancérigènes par inactivation de processus oxydants capables d'endommager l'ADN. En effet la chélation de métaux oxydants (Fe, Cu), la réduction de radicaux libres organiques, l'inhibition d'enzymes pro-oxydants permet d'éviter l'initiation tumorale [Kappadia et al., 1999]. Ces travaux ont également montré que les bétalaïnes avaient une activité d'immunostimulants (inhibition de la splénomégalie).

Quant aux travaux de Wettasinghe et al. (2002), ils ont montré que les bétalaïnes sont capables de stimuler, *in vivo*, la production de quinone réductases, enzymes dites de phase II. Ces enzymes sont connues pour agir en convertissant les électrophiles nocifs (oxydes, quinone, RO^-, RN^-, RS^- etc.) en des composés conjugués inactifs hydrosolubles et excrétables.

De plus comme cela a été montré pour certains phénoliques (telle l'acide chlorogénique) les bétalaïnes sont capables d'inhiber la formation de nitrosamines. En effet il est montré que les nitrites (provenant des nitrates alimentaires) peuvent réagir avec les amines secondaires, pour donner des composés cancérigènes (nitrosamines). Les phénoliques inhibent cette réaction en réagissant avec les nitrites grâce à leurs groupements fonctionnels phénols [Friedman et al., 1997].

D'autres travaux ont montré que les phénoliques (et donc les bétalaïnes) peuvent inactiver les aflatoxines (composés hépatocarcinogiques) couramment rencontrées au Burkina Faso du fait de consommation de céréales (arachides, maïs) mal conservé et sur lesquels poussent les champignons du genre *Aspergillus flavus*, producteur de la toxine [Friedman, 1997].

Les bétalaïnes en tant que phénoliques sont anti-tyrosinases et donc anti-mélanome comme l'ont montré les travaux de Gomez-Cordova et al. (2001).

Toutes ces propriétés mises en évidence pourraient rendre compte de l'utilisation des deux espèces ici étudiées pour prévenir ou soigner les maladies tumorales.

Les meilleurs chémopreventifs de cancers sont ceux qui ont le minimum de toxicité chronique avec une bonne efficacité sur la survenue de la tumeur. Les résultats d'activité [Kapadia et al.2001] montrent que la bétanine (trouvée dans les deux plantes ici étudiées) permet un retardement de l'initiation tumorale, une augmentation de la période de latence, une diminution de l'envahissement. Alors que les antioxydants synthétiques (BHA et BHT) ont montré des indices de toxicité [Cheftel et al., 1977], les bétalaïnes (bétanine) sont des substances naturelles largement utilisées et sans toxicité [Pasch et Von Elbe.,1979 ; Von Elbe et al., 1981].

2.3.2 Potentialités d'utilisation d'A.spinosus et de B. Erecta pour le traitement de la douleur et de la fièvre.

Chez la plupart des êtres vivants les stress induisent une inflammation pouvant conduire à l'apoptose. En situation de stress, les espèces de l'ordre des Caryophyllales produisent beaucoup plus de bétalaïnes [Stintzing et al., 1999 ; 2004]. Les dommages mal réparés de l'ADN sont capables d'activer la poly (ADP-ribose) polymérase, une enzyme capable de conduire à l'apoptose, cause d'inflammation.

Il est également connu que la propagation de l'inflammation dans l'organisme peut se faire par les interleukines ; or Ma et al. (2002) ont montré que les antioxydants inhibent leur synthèse par inhibition des réactions nucléaires de synthèse protéique. Cela peut expliquer l'effet anti fébrile des plantes à bétalaïnes utilisées dans la région du plateau central pour prévenir et soigner les fièvres.

Il est de même bien connu qu'au cours de certaines maladies, la concentration en cuivre dans le sang a tendance à augmenter. Les études ont montré que les bétalaïnes possèdent une bonne activité de chélation des ions de cuivre [Attoe et Von Elbe, 1984 ; Butera et al., 2002 ; Torregiani et al., 2002]. La formation de chélate de cuivre par les bétalaïnes diminuerait cette concentration et cela contribuerait au bien être du malade. En effet l'histamine, molécule impliquée dans les réactions inflammatoires possède des récepteurs dont certains sont constitués d'ions cuivriques.

De plus l'activité des bétalaïnes dans la lutte contre l'inflammation (à l'instar de l'aspirine) peut s'expliquer par son action inhibitrice de la synthèse d'un groupe d'hormones appelées Prostaglandines. Celles ci ont de multiples fonctions dont notamment l'induction de l'inflammation et des poussées fébriles [Houghton, 1993, Nacoulma et al., 1998].

Pendant la réaction inflammatoire induite par l'activation des cellules de l'endothélium vasculaire, une augmentation du stress oxydant est à l'origine du dérèglement endothélial. Les travaux de Tesoriere et al. (2005) ont montré que les bétalaïnes en plus de leur activité antioxydante agissent aussi comme modulateurs de l'expression des molécules d'adhésion sur les cellules endothéliales. Ces auteurs ont stimulé un cordon de cellules endothéliales vasculaires humaines avec une substance pro-inflammatoire (la Tumor Necrosis factor ou TNF) et mesuré l'expression de la molécule d'adhésion intracellulaire (ICAM-1) dévouée au recrutement de leucocytes activés. Les résultats obtenus ont montré que les bétalaïnes (bétanine et bétaxanthines) inhibent bien l'expression de l'ICAM-1, composés impliqués dans les réactions inflammatoires.

Tout comme l'aspirine (chélateur de cofacteur enzymatique cationique) les bétalaïnes (molécules à activité réductrice et chélateur de cations métalliques) pourraient inhiber certains étapes du métabolisme de l'acide arachidonique (ou de l'acide linoléique).

Il est connu que de nombreux composés phénoliques inhibent la sécrétion des enzymes lysosomales capables d'hydrolyser les membranes cellulaires et donc de libérer de l'acide arachidonique [Cheftel et al., 1977 ; Rice-Evans et al., 1997]. La faible disponibilité du substrat arachidonique pour les voies enzymatiques de la lipo-oxygénase et de la cycloxygénase conduit à une moindre production d'endoperoxydes, de prostaglandines, de prostacycline et de tromboxane A2 d'une part et d'acides hydroperoxydique, hydroxyeicosatrienoïque et de leucotriènes d'autre part [Benavente-Garcia et al., 1997]. Un tel effet explique aussi une faible production d'histamine, substance bien connue comme induisant des phénomènes inflammatoires. Les travaux de Wolfram et al. (2003) avec des extraits de poire épineuse ont montré que l'activité anti-prostaglandines était due aux bétalaïnes

De telles propriétés expliqueraient l'utilisation antipyrétique et analgésique dans le traitement des migraines et des névralgies à partir de matériels d'espèces de l'ordre des Caryophyllales dans la région du plateau central.

De même l'une des raisons d'utilisation des plantes à bétalaïnes lors de la cure de la malaria serait pour lutter contre la fièvre due à l'hémozoïne ou pigment malarien, auquel est sensible le récepteur hypothalamique. Il a été montré que les composés réducteurs sont capables d'inhiber la réaction de polymérisation aboutissant à la formation de cette substance toxique.

De plus, d'autres activités liées aux bétalaïnes (antimicrobienne, anti-rhumatisme) pourraient renforcer les indications d'anti-inflammatoire et antifébrile des plantes à des bétalaïnes dans les utilisations traditionnelles de la région du plateau central.

2.3.3 Potentialités d'activités thérapeutiques d'A.spinosus et de B. erecta contre certaines maladies cardio-vasculaires

Les résultats de l'enquête ethnobotanique ont montré l'utilisation des Caryophyllales à bétalaïnes dans le traitement d'affections cardiovasculaires. Les bétalaïnes pourraient agir par leur activité de chélation des ions Cu [Attoe et Von Elbe, 1984 ; Butera et al., 2002]. En effet il a été démontré que l'efficacité du nicotinamide dans l'inhibition de l'enzyme de conversion de l'angiotensine (pro-hypertensif) se faisait par cette propriété. De même il est montré que les molécules antagonistes du calcium comme l'EDTA peuvent améliorer l'état cardiovasculaire. Or, les bétalaïnes sont des chélateurs de cations calcium [Attoe et Von Elbe, 1984]. L'activité de chélation du calcium pourrait aussi avoir un effet sur la fluidité du sang par action anti-thromboembolique (comme dans le cas de l'acide acétyle salicylique) d'où une baisse de la pression artérielle.

Certaines des amines biogènes couramment trouvées dans les espèces de l'ordre des Caryophyllales pourraient agir comme des bloquants des récepteurs bêta du myocarde [Hansen et al., 1995].

Les bétalaïnes par leur activité antioxydant mise en évidence par nos résultats agiraient contre la lipo-oxydation des lipoprotéines athérogéniques (LDL) [Zakharova et Petrova, 1998] et seraient donc capables d'empêcher la formation d'athéromes, causes d'infarctus.

L'activité vitaminique P des bétalaïnes leur permet d'améliorer la résistance des parois des vaisseaux sanguins face aux agressions internes ou externes [Bruneton, 1993 ; Zakharova et Petrova, 1998, Tiwari, 2004].

Les profils biochimiques sanguins et plasmatiques des malades cardio-vasculaires sont caractérisés par un taux élevé de lipides oxydables (LDL), un taux élevé de sédimentation érythrocytaire, un affaiblissement des parois vasculaires. Ainsi chez de tels patients la consommation d'extraits contenant des bétalaïnes pourrait être bénéfique en réduisant le syndrome de haute viscosité sanguine.

2.3.4 Activités contre les effets négatifs de l'alcool et le tabac

Les plaquettes sanguines sont chargées de maintenir le sang dans les vaisseaux sanguins en maintenant imperméable les parois des petits capillaires. Des qu'il y a ouverture des capillaires, l'entrée d'air (d'O_2) exerce un effet d'attraction sur les plaquettes qui s'agrègent alors à l'endroit de l'ouverture pour éviter la perméabilité capillaire [Benavente-Garcia, 1997]. Les stress oxydants sanguins (dus au tabagisme, à l'alcoolisme..) accentuent les phénomènes d'agrégation plaquettaire. Ces derniers peuvent finir par atténuer les capacités de réparations des vaisseaux par l'organisme et donc fragiliser certains capillaires soumis aux mauvaises conditions comme dans l'estomac (acidité gastrique). C'est l'une des causes des ulcères.

Le tabagisme

La fumée de cigarettes contient des goudrons (naphtalène, paraffine, etc.), des composés oxygénés réactifs ($O_2^\bullet$, H_2O_2, $HO^\bullet$), du CO et des métaux toxiques (Cd, P),de la nicotine, des nitrosamines, des pesticides, des insecticides. Ces substances produites par pyrolyse de feuilles séchées du tabac agressent les parois cellulaires du tube digestif, le foie et les hématies. Cela serait à l'origine de l'effet de thrombose, de mauvaise circulation sanguine pulmonaire, ainsi que de maladies cardiovasculaires, et du diabète [Begum et Terao, 2002].

L'effet bénéfique des plantes à bétalaïnes dans le traitement du tabagisme pourrait s'expliquer par différents mécanismes.

Comme de nombreux phénoliques, les bétalaïnes seraient des inhibiteurs de l'agrégation plaquettaire [Wolfram et al., 2003], par leur activité d'inhibition de la cyclo-oxygénase, (donc de dépression de la synthèse de tromboxane A2) ou par l'inhibition de la mobilisation intracellulaire de calcium [Benavente-Garcia et al., 1997,Sheu et al., 2004].

Les bétalaïnes pourraient protéger des effets du tabac en chélatant les métaux toxiques (Cd) contenus dans la fumée du tabac ou en réduisant les radicaux libres induits. De même les bétalaïnes protégeraient des effets cancérigènes dus aux nitrosamines, pesticides, insecticides contenus dans le tabac. Toutefois le meilleur remède demeura toujours l'arrêt du tabagisme.

L'alcoolisme

La consommation chronique d'alcool (alcoolisme) peut être à l'origine de nombreuses pathologies affectant différents organes (tube digestif, foie, cœur, cerveau, métabolisme général).

En effet dans le foie, l'alcool alimentaire (éthanol) produit des peroxydes selon les mécanismes ci-dessus [Andersen et al., 2000]:

$$H_2O_2 + Fe^{2+} + H^+ \longrightarrow HO\cdot + H_2O + Fe^{3+} \text{ (a)}$$

$$HO\cdot + CH_3CH_2OH \longrightarrow H_2O + CH_3CH(OH)\cdot \text{ (b)}$$

$$CH_3CH(OH)\cdot + O_2 \longrightarrow CH_3CH(OH)OO\cdot \longrightarrow CH_3CHO + HOO\cdot \text{ (c)}$$

$$HOO\cdot \longrightarrow O_2\cdot^- + H^+ \text{ (d)}$$

Ces dérivés oxygénés très réactifs sont capables d'attaquer les muqueuses du tube digestif et du foie. De même les sulfites utilisés comme conservateurs dans la bière peuvent aussi générer des radicaux libres.

L'agression des capillaires sanguins (de l'estomac par exemple) par ces toxiques induit des œdèmes et des ulcères. Galati et al. (2003) ont montré que les bétalaïnes sont efficaces pour prévenir et/ou traiter ces ulcères par régénérescence de la muqueuse.

Les travaux de Tesoriere et al. (2005) ont montré que les bétalaïnes possèdent une activité cyto-protectrice (par inhibition de la cycloxygénase, enzyme essentielle aux réactions de la cascade de l'acide arachidonique) capable de prévenir des effets hémolytiques des radicaux libres produits par l'éthanol.

Ainsi même lorsqu'elles ne sont pas absorbées par les villosités intestinales, les bétalaïnes alimentaires pourraient servir à protéger le tube digestif contre les ulcères et les cancers du tube digestif (cas du colon).

2.3.5 Potentialités d'effets thérapeutiques contre les lithiases et les arthrites par *A. spinosus* et *B. erecta*

Les lithiases sont liées à la formation de calculs qui sont des précipités (de sels de calcium d'urates, de phosphates, de carbonates et d'oxalates) de corps normalement ou accidentellement véhiculés par les liquides organiques (salive, bile, urines) [White et al., 1964]. Cette précipitation s'effectue dans un appareil ou un réservoir glandulaire (glande salivaire, vésicule biliaire, rein, vessie, etc.). Ces calculs sont à l'origine de douleurs très atroces et d'autres dysfonctionnements.

Les traitements des lithiases consistent essentiellement à la rédissolution des calculs ou à empêcher leur formation. Les bétalaïnes, polyacides organiques connues pour chélater les cations calcium [Von Elbe et al., 1984 ; Butera et al., 2002] et former des complexes solubles, pourraient rendre compte de l'utilisation des plantes qui les contiennent. Il est en effet connu que la formation de complexe a un effet dissolvant [Guernet et Hamon, 1976]. De plus l'activité d'antioxydant pourrait améliorer cet effet antilithiasique.

La goutte ou podagre est une maladie caractérisée par une accumulation accrue d'acide urique et d'urate de sodium. L'acide urique est le terme final du catabolisme des bases puriques des acides nucléiques chez l'Homme. Lors d'un excès du taux d'acide urique dans le sang (l'hyperuricémie), il y a un phénomène de stockage au niveau des tissus mous des articulations donnant lieu à la phagocytose des cristaux par les leucocytes polymorphonucléaires dans les espaces des jointures [White et al. ; 1964]. Cela peut conduire à une réaction d'inflammation aiguë appelée arthrite goutteuse aiguë.

Le traitement consiste à régulariser la production endogène d'acide urique sanguin ou/et à empêcher les dépôts des sels d'urates (tophus), en améliorant l'acidité du sang. Il est connu que l'acide urique se comporte comme un antioxydant naturel qui remplacerait l'acide ascorbique (vitamine C) chez les primates qui ont perdu la capacité de le synthétiser. Ainsi l'amélioration de l'état antioxydant de l'organisme par la consommation de bétalaïnes (antioxydant d'activité meilleure à celle la vitamine C) limiterait la production du composé [Kanner et al., 2001]. De même il est connu qu'une forte dose d'aspirine inhibe de façon compétitive l'excrétion d'urate aussi bien que sa réabsorption [White et al., 1964]. Etant donné que l'un des mécanismes d'action de l'acide acétylsalicylique consiste en la formation de chélate métallique [White et al., 1964], on pourrait penser que les bétalaïnes, chélateurs de cations métalliques [Attoe et Von Elbe, 1984 ; Butera et al., 2002] agissent de même lors d'utilisation de plantes qui les contiennent dans le traitement de la goutte.

Enfin, par leur activité anti-inflammatoire [Wettasinghe et al., 2002, Tiwari, 2004 ; Tesoriere et al., 2005], les bétalaïnes pourraient permettre de lutter contre les vives douleurs liées aux arthrites des goutteux.

Les extraits des deux espèces présentent de bonnes activités antioxydantes dues à leurs composés phénoliques et particulièrement leurs bétalaïnes. Ces molécules par leur activité biologique de protection des biomolécules contre les oxydants et aussi par leur activité de modulateurs et de messagers cellulaires expliqueraient l'utilisation des deux espèces pour traiter certaines pathologies.

3. Activité antiplasmodiale des extraits et potentialité antipaludique

Les résultats de l'enquête ethnobotanique nous ont montré que *A.spinosus* et *B. erecta* sont deux espèces couramment utilisées pour traiter le paludisme et les fièvres.

3.1 Activité antiplasmodiale des décoctés d'*A.spinosus* et de *B. erecta*

Le test antiplasmodial avec les extraits (ainsi que la chloroquine), à différentes doses sur des souris MNRI Swiss (parasités avec *Plasmodium berghei*). a permis d'évaluer leur activité antiplasmodiale. Les équations des droites de régression donnant le taux de réduction de parasitémie en fonction du logarithme décimal de la dose utilisée ont de bons coefficients de corrélation (supérieurs à 0,90) (l'intégralité des donnés obtenus est en annexe VI). Ainsi les extraits des deux espèces testées présentent des activités antiplasmodiales dose-dépendantes.

Six doses (allant de 50 à 1000 mg/kg) ont été étudiées pour les décoctés de *B. erecta a*: à 50 mg/kg la réduction de parasitémie est faible (16,44±0,47%).

Des doses plus grandes permettent d'obtenir des taux d'inhibition meilleurs, 32,95 ± 0,60% (à 100mg/kg) et 55,21% ± 0,52 (à 1000 mg/kg).

Pour *A. spinosus*, cinq doses (allant de 100 à 900 mg/kg) ont été testées : à 100 mg/kg le taux de réduction de parasitémie est aussi faible (15,38 ± 0,57%). En augmentant les doses on obtient de meilleurs résultats : de 30,94 ± 0,45% (à 300mg/kg) à 53,10± 0,79% (à 900 mg/kg)

La Chloroquine a donné 56±2,2 % de réduction de parasitémie à 2,5 mg/kg alors que ce ne sont que les plus fortes doses des extraits des deux plantes qui permettent d'obtenir des taux de réduction de parasitémie comparables, (1000mg/kg pour obtenir 55,21±0,60 de réduction de parasitémie avec *B. erecta* et 900 mg/kg pour avoir 53, 10 ± 0,79 de réduction de parasitémie avec *A. spinosus*).

Ainsi les extraits des deux plantes ont des activités antiplasmodiales assez faibles comparativement à celle montrée ici par la Chloroquine. Ce fait devient plus patent lorsqu'on compare les valeurs de DE_{50} (Tableau 18). On a obtenu 1,859 ± 0,4 ; 564,95 ± 6,23 et 789,36 ±7,19 mg/kg respectivement pour la Chloroquine, *B. erecta* et *A. spinosus*.

Les résultats de cette étude *in vivo* de l'activité antiplasmodiale des extraits d'écorces d'*A. spinosus* et *B. erecta* ont montré une bonne activité d'inhibition sur *Plasmodium berghei.*

Les tracés d'efficacité en fonction de la dose (Log (Dose)) d'extrait testé sont donnés par les figures 40 et 41 (pages suivantes).

Tableau 18: Activité antiplasmodiale (DE$_{50}$) des extraits et de la Chloroquine

Extrait/médicament	DE$_{50}$ (mg/kg)
Décocté écorces *A. spinosus*	789,36±7,19
Décocté écorces *B. erecta*	564,95±06,23
Chloroquine	1,85±0,4

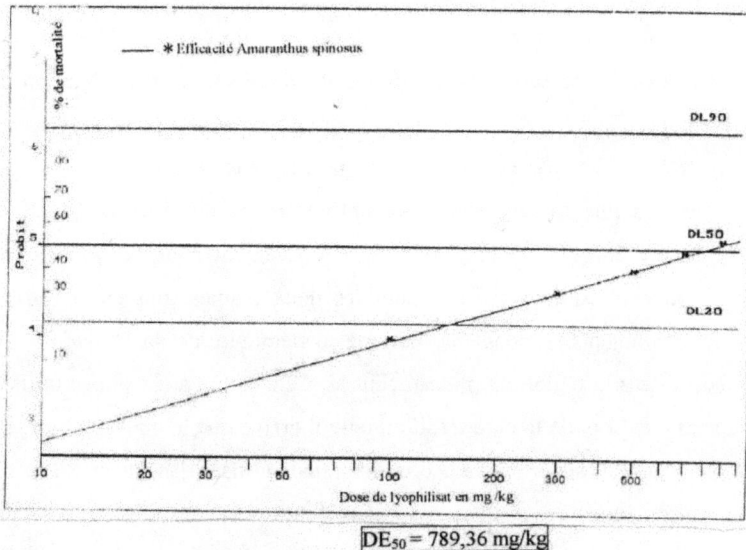

DE$_{50}$ = 789,36 mg/kg

Figure 40 : Tracé d'efficacité en fonction de la dose (Log (Dose)) d'extrait d'*A. spinosus* testée

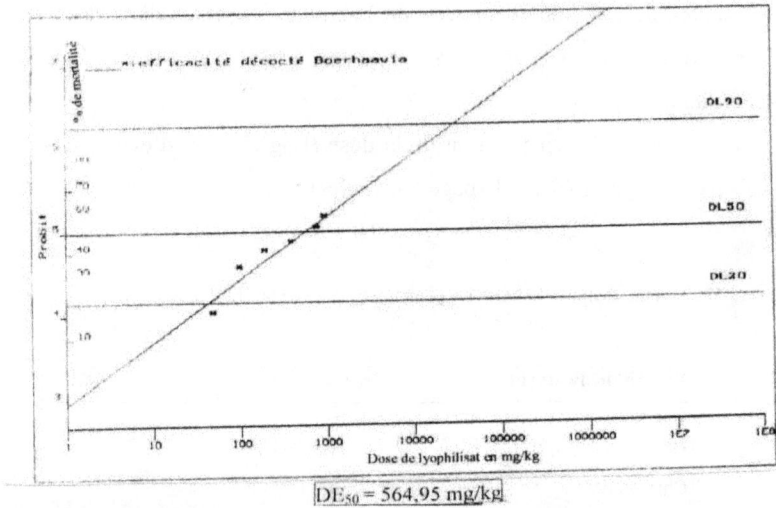

DE$_{50}$ = 564,95 mg/kg

Figure 41 : Tracé d'efficacité en fonction de la dose (Log (Dose)) d'extrait de *B. erecta* testée

Ces tracés permettent de déduire les valeurs caractéristiques et surtout les doses efficaces à 50% (DE50) données par le tableau

Les extraits de *B. erecta* ont donné les meilleurs taux d'inhibition de la parasitémie (DE$_{50}$ =564,9 ± 6 ,23 mg/kg) par comparaison à ceux de *A. spinosus* (DE$_{50}$ =789 ± 7,19 mg/kg) comme le montre le tableau 18.

Vu la faible toxicité des deux extraits (avec des valeurs de DL$_{50}$ de 2148,87±16,1 et 1473,43±11,1 mg/kg respectivement pour *A. spinosus* et *B. erecta*), on peut comprendre pourquoi les deux plantes sont parfois utilisées comme condiments pendant la période endémique de la malaria (saison pluvieuse) dans la région du plateau central. Cela est un atout pour l'utilisation thérapeutique. Lors de la cure traditionnelle il arrive que le malade absorbe une dose plusieurs fois supérieure à la dose maximale utilisée dans notre étude.

En comparant ces résultats avec ceux d'autres travaux faits sur des extraits de plantes à activité antiplasmodiale, on peut constater par exemple que les DE$_{50}$ obtenues avec ces deux extraits correspondent presque au quintuple de celle obtenu avec *Quassia undulata* et *Quassia amara* par Ayaiyeola et al. (1999).

Néanmoins les extraits de ces deux plantes sont dix à quinze fois plus toxiques que ceux des deux espèces de notre étude.

3.2 Potentialités antipaludiques d'*A. spinosus* et de *B. erecta*

Les résultats du test antiplasmodial selon la méthode de Peters et Robinson (1992) ont montré qu'il existait une relation dose- activité entre les décoctés de poudres des deux plantes et leur activité antiplasmodiale ; quoique relativement faible.

La présente étude a montré avec un modèle murin de malaria l'efficacité des extraits des deux plantes (*A. spinosus* et *B. erecta*) traditionnellement utilisées au Burkina Faso pour soigner le paludisme. Ainsi donc l'utilisation traditionnelle de ces plantes pour traiter la malaria est basée sur une véritable activité antiparasitaire.

Les valeurs de DE_{50} sont assez élevées. Cette faiblesse d'efficacité des extraits pourrait résulter de la voie d'administration (intra-péritonéale) utilisée dans nos tests, toute chose qui interfère avec des paramètres comme le taux d'absorption, le processus de délivrance (biodisponibilité, le processus métabolique, ou l'absence d'autres composés qui pourraient être présents dans le régime alimentaire. En effet la méthodologie devrait suivre la voie orale traditionnelle d'administration, parce que le passage à travers le péritoine ne permet pas les effets hydrolytiques dus à l'appareil digestif et ainsi ne permet pas les modifications structurales qui peuvent s'avérer utiles pour l'activité antimalariale. Néanmoins il est utile de noter que la voie intra-péritonéale permet une certaine garantie pour une bonne reproductivité en termes de quantité de substances délivrée, c'est aussi une voie d'administration commode lors de tests de screening d'activité antiplasmodiale.

La stabilité de l'activité antiplasmodiale après congélation et lyophilisation est un atout supplémentaire permettant de préparer et de stocker les extraits avant utilisation

Quant aux principes actifs des extraits testés, il semble y avoir peu de chance que ceux-ci soient les alcaloïdes sensu stricto si l'on tient compte des résultats de l'analyse phytochimique. Les composés phénoliques et en particulier les bétacyanines doivent jouer un important rôle.

L'enquête ethnobotanique a montré que l'état de pigmentation (par les bétalaïnes) était l'un des critères de récolte des plantes à bétalaïnes pour leur utilisation médicinale en général et antipaludique en particulier. De plus, même si des mesures plus précises restent à faire, il semble exister, à première vue, une relation entre la teneur en bétalaïnes des extraits et les taux de réduction de parasitémie (DE_{50}) : 186mg/100g de bétalaïnes et 565mg/kg ; 24mg/100g de bétalaïnes et 789mg/kg respectivement pour *B. erecta* et *A. spinosus*.

3.3 Activité antiparasitaire des bétalaïnes

3.3.1 Mécanisme d'action antiparasitaire des bétalaïnes

Il est couramment constaté une production accrue de bétalaïnes dans les parties fragiles ou les plus exposées des plantes à bétalaïnes : jeunes pousses entièrement colorées, feuilles les plus proches du sol et donc très exposés aux nombreux microorganismes du sol, organes protecteurs de fleurs. L'activité antifongique a été envisagée comme la plus plausible par Coley et al. (1989) et par Costa-Arbulu et al. (2001) pour expliquer ces faits. De nombreux résultats [Sosnova, 1970 ; Mabry, 1980 ; Piattelli, 1981 ; Stafford, 1994 ; Delgado-vergas et al., 2000] ont montré que les bétalaïnes possèdent des activités antivirale, antimicrobienne et antifongique. Ainsi, elles sont actives contre *Pythium debaryium*, un champignon pathogène de la betterave rouge.

L'utilisation des infusions rouges de bractées de bougainvillée (mélangée à du miel pour masquer l'amertume) contre les bronchites au Mexique s'explique par une activité antimicrobienne [Delgado-vergas 2000].
Les résultats de Buteré et al. (2004) ont permis de savoir que les bétalaïnes consommées par voie orale s'incorporent aux membranes cellulaires des

hématies et que de telles cellules acquièrent une plus grande résistance aux dommages oxydants (hémolyse) et donc aux attaques des germes.

Il a été proposé (Delgado-vergas 2000, Hamazu et al., 2005) que les composés phénoliques doués d'activité antioxydant et capables d'empêcher l'agrégation plaquettaire (comme les bétalaïnes) pourraient inhiber l'hémagglutination. Or, des virus du genre *Influenza* adhèrent aux cellules épithéliales des voies respiratoires, ce qui constitue la première étape de l'infection. C'est ainsi qu'on explique que de nombreux virus sont sensibles aux phénoliques du thé fermenté [Vinson et al., 2001] et aux bétalaïnes [Sosnova, 1970]. Certains polyphénols ont montré des activités antibactériennes intéressantes [Kubo et al., 2004]

Selon les travaux d'Endress (1976) et de Trejo-Tapia et al.. (2001), l'activité de chélation de micro-éléments métalliques explique le fait que lors de stress biotique ou abiotique (cas de cations métalliques) leur production augmente. Ce phénomène avait déjà mentionné été par De Backer-Royer et al. (1990) avec l'étude de la production d'alcaloïdes par *Catharanthus roseus.*

La chélation des cations métalliques (Ca^{2+}, $Fe^{3+,}$ Mg^{2+}) indispensables aux métabolismes des parasites peut par exemple perturber la synthèse d'acides nucléiques. En effet l'enzyme Ribonucléotide Réductase (de parasites comme le Plasmodium) a besoin d'ions Mg^{2+} et $Fe2+$ comme cofacteurs [Elleingand, 1998].

C'est la raison pour laquelle les chélateurs de métaux (comme la Desferrioxamine B) sont bien connus comme molécules antimalariales [Gordeuk et al. 1992 ; Lytton et al. 1994, Molina et al., 1996 ; Elleingand 1998]. Ces mêmes chélateurs sont connus comme antituberculeux [Byrd et al., 1997], Anti-trypanosome [Docampo et Moreno, 1996], anti-amibe [Anaya-Velazquez et al., 1989] et antimicrobien [Chang et al., 1996].

Toujours par leurs propriétés de chélation, les bétalaïnes peuvent également agir comme inhibiteurs d'enzymes digestives (des germes) ou inhiber les pectinases par lesquelles ces germes lysent les parois cellulaires de leur hôte végétal. Selon les résultats de Delgado-Vargas et al. (2000) chez *Beta vulgaris,* les bétalaïnes et d'autres phénoliques inhibent les polygalacturonases glucane-synthéase, enzymes impliquées dans la pathogenèse due à *Rhizobia solari.*

Les parois muco-pectiques bactériennes peuvent être modifiées par des molécules chélateurs de leur calcium structural (lié aux hydroxyles des polyosides des parois) [Siegel et Daily, 1966 ; Stafford, 1994 ; Schoenherr et Schreiber, 2004 ; Veturi et al., 2004]. C'est ce qui expliquerait l'activité antibiotique de certains peptides capables de déstructurer les parois et de déséquilibrer ainsi les flux ioniques, ce qui détruit de nombreuses bactéries. Ces peptides chélatent les ions calcium (Ca^{2+}) par leur partie anionique (hydroxyle, carboxyle, amine) [White et al., 1964].

Ces différentes propriétés antiparasitaires des bétalaïnes pourraient ainsi expliquer l'activité antiplasmodiale mise en évidence dans notre présente étude.

3.3.2 Mécanisme probable d'activité antiplasmodiale des bétalaïnes

Lors de l'éclatement des rosaces, il y a libération dans le sang du contenu des hématies, à savoir l'hémoglobine et les protéines cytoplasmiques.

Le catabolisme de l'hème ainsi que celui de la globine et des autres protéines aboutit à l'apparition de toxines (produits de dégradation) dues à la présence du *Plasmodium.* Les hématozoaires grâce à leurs protéases, utilisent les acides aminés de l'hémoglobine.

L'hème est transformée en férriprotoporphyrine IX (FPIX) ou hématine qui est lytique pour les membranes de l'hématozoaire et de l'hématie à la concentration de 1 µmole.

Mais la FP IX (fig.5 ci-dessus) peut se polymériser pour donner un complexe non lytique, l'hémozoïne ou pigment malarique. C'est ce pigment qui colore le blanc de l'œil et les urines des paludéens. C'est aussi ce pigment qui est à l'origine des allergies cutanées (urticaire, prurit etc.) et ophtalmiques (larmoiement) lors des accès palustres [Nacoulma-Ouédraogo, 1996].

Ces données de la physiopathologie du paludisme montrent que lorsqu'un organisme est parasité, les possibilités de traitement consisteraient à intervenir par l'une des activités suivantes :

- Empêcher la prolifération du parasite (inhibition de la pénétration cellulaire, inhibition de la physiologie du parasite, inhibition des protéases parasitaires, etc.). Par exemple l'inhibition enzymatique (par des chélateurs de cations métalliques comme les bétalaïnes) des protéases acides du *Plasmodium,* donc du catabolisme de l'hémoglobine aboutit à la mort du parasite, car il utilise les acides aminés libérés pour sa nutrition.

- Inhiber la formation de l'hémozoïne qui est responsable des symptômes (fièvre, urticaire, prurit, etc.). Par exemple le déplacement ou une modification de l'état du fer hémique (du FPIX) par des chélateurs comme les bétalaïnes, empêchant la formation de l'hémozoïne peut aussi entraîner la lyse du parasite.

Nos résultats d'activité antiplasmodiale ont montré une relation dose-efficacité des extraits et surtout une relation entre la concentration en bétalaïnes des extraits de plante et leur efficacité.

Les résultats de Kanner et al. (2001) ont montré qu'en tant que composés cationiques, les bétalaïnes sont bien absorbées par les villosités intestinales et par les membranes cellulaires. Une fois dans les vacuoles digestives des plasmodies les bétalaïnes pourraient agir par leur effet chélateur d'ions métalliques, ce qui pourrait inhiber diverses enzymes (surtout les protéases) à cofacteurs métalliques [Cheftel et al., 1977] et surtout la ribonucléotide réductase (enzyme à Fe, et mg). Elleingand (1998) a montré que divers composés phénoliques végétaux, chélateurs de fer inhibaient efficacement le *Plasmodium.*

La rhodamine, colorant cationique a montré une bonne activité antiplasmodiale [Izumo et Tanabe, 1986].

Les résultats de Read et al. (1999) ont montré que la Chloroquine agissait entre autre en chélatant le cofacteur du lactate déshydrogénase de *Plasmodium falciparum*. C'est aussi pourquoi le Gossypol (polyphénol de la graine de cotonnier) a une activité antimalariale par chélation des cofacteurs métalliques [Razakantoanina et Phung, 2000].

Par les activités antioxydants et de chélateurs de métaux [Kanner et al. 2001, Butera et al., 2002 ; Cai et al., 2003, Tesoriere et al., 2004] les bétalaïnes pourraient agir sur la détoxification de l'hème en inhibant sa polymérisation. De nombreux travaux [Slater et al., 1991 ; Taramelli et al., 1999], ont montré que l'hème monomère intracellulaire est un poison pour le Plasmodium. Il a été également montré que la polymérisation se fait par co-ordination de l'atome ferrique central d'une molécule d'hématine à un carboxylate d'un acide aminé d'une molécule adjacente d'hématine. Cette polymérisation aboutit à la formation de l'hémozoïne (pigment malarial).

L'inhibition des protéases plasmodiales pourrait être une cible d'activité des bétalaïnes. La PfA-M1, une métallo-aminopeptidase à zinc de *Plasmodium falciparum* a été isolée en 1998 par l'équipe du Professeur Schrével au Muséum d'Histoire naturelle de Paris. Des études ont montré que cette enzyme est inhibée par des composés à fonction quinoléique et ou hydroxamique [Pradines et al., 2003]. Les bétalaïnes connues comme des chélateurs de zinc [Butera et al., 2002] pourraient donc perturber la disponibilité de ce minéral pour le parasite.

La polymérisation hémique constitue un procédé de détoxification pour le *Plasmodium* [Basco et al., 1994]. Les bétalaïnes par leurs fonctions carboxylates (figure 34) peuvent s'intercaler dans cette liaison et ainsi inhiber la polymérisation. Il est aujourd'hui postulé que la chloroquine agirait aussi en déréglant la polymérisation hémique en se fixant sur l'hématine [Rasoanaivo et al., 2001].

De nombreux travaux [Taramelli et al., 1999 ; Pradines et al., 2003]) ont montré que les composés doués de propriétés réductrices pouvaient inhiber la formation de l'hémozoïne, selon le schéma de la figure 42:

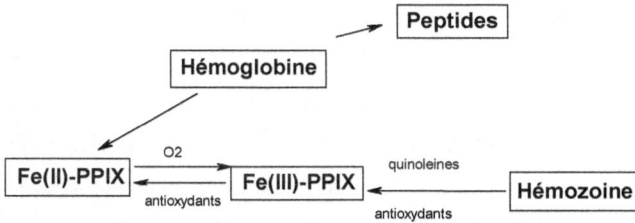

Figure 42: Mécanisme d'inhibition de la détoxification hémique par des antioxydants

Des travaux [Ancelin et Vial, 1996 et Pradines et al., 2003]] ont montré le fort potentiel de molécules organiques à structure ammonium quaternaire comme antiplasmodiales. Les molécules possédant ce groupement fonctionnel sont en effet capables d'inhiber la croissance du Plasmodium en bloquant le transport intracellulaire de choline par fixation irréversible et compétitive sur le transporteur membranaire de cette molécule. La choline est pourtant indispensable pour la biosynthèse des phosphatidylcholines membranaires du Plasmodium.

Les bétalaïnes pourraient ainsi agir contre la prolifération du parasite grâce à ce type de groupement fonctionnel ammonium quaternaire qu'elles possèdent dans leur structure. De nombreuses molécules à fonction ammonium quaternaire (comme le G25) sont aujourd'hui en phase d'étude clinique pour servir d'antipaludique de nouvelle génération.

Lors du paludisme il y a libération importante de radicaux libres (lipoprotéines des membranes des hématies lysées, FPIX) et des ions ferriques (par dégradation d'hémoglobine) ; toute chose qui entraîne un état oxydant important s'ajoutant à celui dû à l'hémozoïne (cause de la fièvre). Tesoriere et al. (2004) ont montré que la consommation de bétalaïnes améliorait la résistance des membranes érythrocytaires. La létalité du paludisme est essentiellement due à deux complications : le paludisme cérébral et l'anémie profonde. Le mécanisme de l'anémie associe une destruction cellulaire qui touche même les cellules non parasitées [Pradines et al., 2003]. Le renforcement de l'état des membranes peut ainsi limiter l'infection et surtout éviter les complications létales. Les bétalaïnes par leurs activités antioxydantes limiteraient le stress oxydant induit par l'infection plasmodiale [Guha et al, 2000, Pawlowska-Pawlega et al., 2003 ; Affary et al., 1987]. L'activité immunostimulante des bétalaïnes démontrée par Kappadia et al. (2001) avec la bétanine pourrait également aider l'organisme à mieux résister à l'infection.

Il est connu que les stress oxydants sont associés à des dysfonctionnements cellulaires, à des phénomènes d'apoptose et de nécrose. Ainsi la cyto-adhérence des globules rouges parasités par le *Plasmodium* induit l'activation des caspases et l'apoptose des cellules endothéliales, tout comme cette apoptose influe sur l'état oxydant du milieu intérieur (teneur en cytokines, enzymes, apoptose). Il a été montré [Pino et al., 2004] que les antioxydants comme la SOD-gliadine (Superoxyde dismutase-liée à une protéine du germe de blé) induisent la régulation d'un certain nombre de fonctions inflammatoires comme le taux d'expression de l'ICAM-1, la cyto-adhérence des hématies. Cela est suivi d'un effet antiparasitaire direct et la réduction de la parasitémie. Ce rôle protecteur des antioxydants dans le traitement du neuropaludisme et la leishmaniose a ainsi été montré [Pino et al., 2004].

Les antioxydants affectent les gènes de deux principales manières ; soit directement par l'état réducteur du milieu cellulaire soit par des interactions spécifiques avec des cibles moléculaires. Cela permet de comprendre l'effet anti-inflammatoire des antioxydants.

Enfin il est connu que lors d'infection, les parasites comme *Trypanosoma cruzi* (trypomastrigotes), *Leishmania donovani* (amastigotes) et *Plasmodium falciparum* (mérozoïtes) entraînent une mobilisation du calcium intracellulaire de l'hôte. La diminution de la disponibilité du Calcium (chélation) pourrait limiter la multiplication du parasite [Kyle et al., 1990 ; Docampo et al., 1996].

CONCLUSION PARTIELLE

Les propriétés antimicrobiennes, et antioxydants des bétalaïnes pourraient expliquer l'utilisation fréquente d'espèces de l'ordre des Caryophyllales dans la région du plateau centrale pour traiter le paludisme et les fièvres. L'implication de ces molécules pourrait constituer une voie originale dans la lutte contre le paludisme. Les activités de chélation des cations métalliques, d'inhibition des synthèses phospholipidiques et celle d'antioxydant anti-hémozoïne figurent parmi les nouveaux outils en essais thérapeutiques dans le monde [Pradines et al , 2003].

4. Autres potentialités thérapeutiques d'*A. spinosus* et de *B. erecta*

En plus de la thérapie des maladies de stress oxydant, de l'activité antipaludique, les résultats phytochimiques (bétalaïnes et dérivés) des deux espèces permettent une tentative d'explication d'autres utilisations recensées lors de l'enquête ethnobotanique dans la région du plateau central.

4.1 Potentialités hormonale et neurotrope d'*A. spinosus* et de *B. erecta*.

Dans la région du plateau central comme ailleurs les betteraves sont réputées pour améliorer l'état nerveux, agir sur les viscères. *A. spinosus* et *B. erecta* sont parfois interdits d'utilisation aux femmes en grossesse.

Les résultats de criblage phytochimique d'espèces à bétalaïnes ont montré que régulièrement de nombreux composés aminés y sont retrouvés comme intermédiaires ou comme sous produits de synthèse des bétalaïnes [Smith, 1990 ; Kuklin, 1995 ; Stintzing et al., 1999, 2003, 2004]. C'est le cas des amines biogènes (adrénaline, dopamine, dopa, cyclodopa), des Phénéthylamines (tyramine, éphédrine) de la sérotonine et tryptamine (analogues structuraux de la mélatonine), du GABA (gamma amino butyric acid), la taurine. La présence de telles substances justifie l'utilisation rituelle d'espèces à bétalaïnes [Konig-Bersin et al., 1970]. Le criblage phytochimique nous a permis de mettre en évidence la présence d'amines biogènes et de Phénéthylamines dans les deux espèces étudiées.

La plupart de ces substances azotées sont connues pour posséder certaines activités biologiques :

Les Amines biogènes sont capables d'activer le système nerveux végétatif sympathique et, ainsi d'agir sur de nombreuses pathologies ou dysfonctionnements des viscères. C'est le cas dans les diarrhées, l'hyperthermie, l'hyperménorrhée, les hémorragies du post-partum, les varices, les états de choc, les défaillances cardio-vasculaires, les vertiges, l'hypotonie et l'atonie utérines [Annon, 2003], les troubles de la mémoire, de l'attention, de l'humeur et de la vigilance, la sénescence cérébrale (troubles comportementaux), l'hypergalactorrhée, les mastites, la baisse de libido [Allende,1998], l'impuissance, les retards de croissance (fermeture des fontanelles), la psychasthénie [Nacoulma-Ouédraogo, 1996]. Les plantes du genre *Mucuna* sont exploitées en Amérique centrale pour produire la L-dopa (dihydroxyphenylalanine). Cette molécule, précurseur de la synthèse des bétalaïnes est trouvée dans la plupart des plantes à bétalaïnes. Dans l'organisme la Dopa est un produit intermédiaire de la chaîne métabolique qui conduit à la dopamine et à la noradrénaline. La Dopa augmente la sécrétion de l'hormone de croissance (d'où l'utilisation des Caryophyllales dans la récupération nutritionnelle des enfants) et diminue celle de la prolactine (action sur l'oligospermie, la stérilité) [Touitou, 1997]. La L-dopa intervient également dans le traitement de la maladie de Parkinson (atteinte des cellules extrapyramidales du cerveau se traduisant par des tremblements des extrémités) [Touitou, 1997].

Les Phénéthylamines : sont aussi actives sur les viscères et le myocarde d'où des possibilités d'activités contre les affections suivantes : Asthme, dyspnée, bronchite, spasmes intestinaux et utérins, nycturie, énurésie, incontinence urinaire, hypotension, bradycardie [White et al., 1964].

Sérotonine et tryptamine (analogues structuraux de la mélatonine, et des alcaloïdes indoliques) pourraient être actives dans le traitement des affections suivantes : Insomnie, anxiété, encéphalite, affections du 3ème âge (troubles de la mémoire, de l'attention, de la vigilance, de l'humeur), vertiges, hyperthermies, crises de tachycardie, états de choc.

Les activités hormonales (et neurotropes) des dérivés des bétalaïnes permettent donc de comprendre l'utilisation des plantes à bétalaïnes comme les deux espèces ici étudiées, pour le traitement de dysfonctionnements hormonaux ou nerveux.

4.2 Potentialités pour le traitement du diabète.

L'enquête ethnobotanique a indiqué une utilisation des plantes à Caryophyllales pour traiter le diabète.

Biochimie du diabète

Le diabète est une maladie métabolique caractérisée par la présence de sucre (glucose) dans les urines et/ou un excès de sucre (glucose) dans le sang (teneur supérieure à 1 g/l) généralement dû à un mauvais fonctionnement du pancréas qui ne sécréterait pas assez d'insuline.

Les symptômes sont : polydipsie (soif intense), polyurie (émission d'urine en grande quantité), polyphagie (fringale), asthénie (fatigue).

Il est aujourd'hui admis que le déséquilibre oxydant de l'organisme peut être à l'origine de dysfonctionnements aboutissant à certains diabètes. De même la maladie se caractérise par l'augmentation de l'activité des radicaux libres et une réduction des défenses antioxydantes [Laight et al., 2000]. Cela explique pourquoi le diabète est associé à une augmentation des maladies cardiaques et d'accidents cardio-vasculaires, de même qu'un risque élevé de cancérisation chez ces patients [Favier, 2003].

Les bétalaïnes par leurs importantes capacités d'antioxydants pourraient intervenir dans la prévention du diabète, ne serait ce que par l'amélioration de la fonction endothéliale (effet anti ICAM-1). Dans beaucoup de cas de diabète, on observe des complications liées à un brunissement (non enzymatique) du glucose sanguin avec les groupements amines de l'hémoglobine. Comme cela a été montré *in vivo* pour certains phénoliques, les bétalaïnes pourraient inhiber ce brunissement non enzymatique du glucose sanguin soit par leur activité antioxydante (bloquant les étapes oxydatives des réactions) ou bien par les quinones qu'elles peuvent former (action compétitive avec les groupes aminés, ce qui diminue le taux d'amino-carboxyhydrates formés) [Friedman, 1997].

Les espèces à bétalaïnes parfois utilisées dans le traitement du diabète insipide dans la région du plateau central s'expliquerait surtout par les activités d'antioxydant et/ou de phénols de ces molécules. De même, comme les anthocyanes (avec lesquelles les bétalaïnes partagent de nombreuses propriétés) elles pourraient agir sur les cellules pancréatiques pour la synthèse d'insuline [Jayaprakasam et al., 2004, Pari et Mukherjee, 2004].

5. Relation entre la toxicité générale des extraits et leurs activités biologiques

Les résultats précédents permettent de rechercher des relations entre la composition phytochimique, l'activité (antioxydant, antiplasmodiale) et la toxicité générale des fractions des extraits des deux espèces ici étudiées.

Tableau 19 : Comparaison de composition, toxicité et activités biologiques des extraits

	DL50 décocté (mg/kg)	DE50 décocté (mg/kg)	Teneur en PT (mg EAG/100g)	Teneur en PL (mg/kg)	Teneur en bétalaïnes (mg/100g écorces sèches)
Amaranthus spinosus	1473,43±11	789,63±7,19	2512±28	305	28,5±1,21
Boerhaavia erecta	2148,87±16,1	564,95±06,23	3460±42	329	193±0,90

PL= phénoliques lipophiles

En comparant la toxicité et l'activité antioxydante, on observe que l'extrait de *B .erecta* est le plus actif et le moins toxique. L'activité antiradicalaire de cet extrait protégerait les souris. Chez *A.spinosus* où seule la fraction de phénoliques lipophiles est plus active que celle de *B .erecta*, la protection offerte contre la toxicité serait moindre.

En comparant la toxicité, activités antiradicalaire et efficacité antiplasmodiale, les observations suivantes peuvent être faites :

Chez *A.spinosus* : la toxicité est élevée (probablement due aux phénoliques non pigmentaires) ; la protection antiradicalaire faible et l'efficacité antiplasmodiale faible. Dans cet extrait le rôle essentiel pourrait être dû aux phénoliques non pigmentaires. *A.spinosus* contiendrait peu de substances actives. L'activité antiplasmodiale serait liée aux composés hydrosolubles (bétacyanines).

Chez *B. erecta* : on a une toxicité moindre, une bonne protection antiradicalaire, une meilleure efficacité antiplasmodiale. Ici le rôle essentiel serait lié aux bétalaïnes.

Ainsi dans les extraits des deux espèces les fractions les plus actives semblent être la fraction de phénoliques lipophiles chez *A.spinosus* et des substances hydrosolubles (bétalaïnes). Chez *B. erecta* les bétalaïnes seraient responsables de la protection.

Il serait intéressant pour les travaux ultérieurs de faire des tests antiradicalaires et antipaludiques avec des extraits hydro-alcooliques afin de vérifier les rôles des phénoliques totaux et des phénoliques non pigmentaires qui y seraient majoritaires comparativement aux décoctions où les bétacyanines prédominent.

Selon les résultats obtenus, on pourrait déterminer le type d'extraction selon que l'utilisation envisagée serait alimentaire ou thérapeutique (par effet toxique sur les pathogènes).

Conclusion partielle

Les deux espèces contiennent de nombreuses molécules bioactives (Flavonoïdes, acides phénols, bétalaïnes). Les usages ethnobotaniques et les propriétés biochimiques et physiologiques connues, montrent l'implication des bétalaïnes dans les usages traditionnels.

CHAPITRE 4 : PROPRIÉTÉS NUTRACEUTIQUES DES EXTRAITS BETALAÏNIQUES D'*A. SPINOSUS* ET DE *B. ERECTA*

Les résultats précédents nous ont montré la présence de bétacyanines dans les extraits aqueux des deux espèces. Ces substances sont depuis un certain temps envisagées pour servir de colorants alimentaires alternatifs à la place des produits synthétiques parfois toxiques [Von Elbe et al., 1974 ; 1977 ; 1981]. L'enquête ethnobotanique a montré que les colorants rouges des écorces des deux espèces sont utilisés dans les villages comme colorant alimentaire ou esthétique. Aussi, avons nous voulu évaluer les propriétés pigmentaires objectives ainsi que la stabilité de ces colorants aux conditions d'utilisations agroalimentaires.

1. Capacité pigmentaire des extraits

La coloration est un phénomène complexe tout comme son évaluation car il implique une perception visuelle et une interprétation cérébrale. Il n'y a pas toujours une relation linéaire entre la quantité de pigment et la perception de couleur. La couleur d'un objet n'est pas une propriété de l'objet. Elle est l'effet transmis par le nerf optique et intégré par le cerveau d'une lumière réfléchie par l'objet à partir d'une lumière incidente [Cheftel, 1977].

Ainsi pour l'évaluation de la coloration visuelle (efficacité pigmentaire), la colorimétrie par reflectance s'est imposée comme la meilleure approche car permettant la meilleure corrélation avec la composition chimique. Elle est donc généralement déterminée avec les paramètres CIELAB (Commission Internationale de l'Eclairage, système L*, a, b). La Commission Internationale d'Eclairage (CIE) utilise un système à trois paramètres dits paramètres tristimulus : L*, C, H. Le colorimètre permet de déterminer les valeurs L*, a, b à partir desquels on calcule d'autres caractéristiques tinctoriales de la solution d'extrait. « a » et « b », dits coordonnées de chromaticité indiquent respectivement les quantités relatives de radiations rouge et verte, de jaune et de bleu dans la constitution d'une couleur.

- la teinte (hue en Anglais H) : est indiqué en degré : 0° = rouge, 90= jaune, 180° = vert, 270° = bleu. [H=tan^{-1} (b*/a*)]
- la luminosité L* indique la position entre le noir (0%) et le blanc (100%)
- la saturation ou pureté ou nuance (Chroma en Anglais d'où C, indiquant la quantité de gris présente dans la couleur : 0 = gris, 100 = pure. [C= (a*^{2}+b*^{2})$^{1/2}$]

Les résultats colorimétriques montrent que pour la luminosité, les bétacyanines des extraits donnent des valeurs assez intéressantes : **62,59%** et **60,96%** respectivement pour *Boerhaavia erecta* et *Amaranthus spinosus*) comparativement à la valeur moyenne de **41%** obtenue par Cai et al. (1998b) sur 20 variétés d'*Amaranthu*s utilisés comme colorants alimentaires en Chine.

Pour ce qui concerne la teinte, les extraits des deux plantes sont bien rouges, même si celui de *Boerhaavia erecta* (16,72%) a une faible tendance vers l'orange, Cai et al., (1998) avaient trouvé que la plupart des Amaranthus chinoises avait des teintes comprises entre le rouge pourpre (-11,9°) et le rouge orangé (15,2°).

Pour ce qui concerne la nuance (saturation), les extraits des deux espèces présentent d'assez bonnes nuances (52,8% et 39,9% respectivement pour *Boerhaavia erecta* et *Amaranthus spinosus*) surtout quand on les compare à la valeur de 20% obtenue par Cai avec les variétés d'Amaranthus chinoises.

Ces résultats montrent que les bétacyanines des deux espèces ici étudiées présentent des caractéristiques tinctoriales meilleures que celles d'extraits de plantes déjà largement utilisées comme colorants alimentaires tels que A. caudatus [Cai et al., 1998] ou *Beta vulgaris* [Pasch et al., 1974].

La bonne qualité tinctoriale des extraits bétalaïniques des deux espèces pourrait être liée à des phénomènes de copigmentation avec les acides phénols (que l'analyse phytochimique a mis en évidence) comme l'ont montré les travaux de Schliemann et al. (1998).

Il est important qu'en plus de leurs propriétés tinctoriales intrinsèques, les colorants alimentaires restent stables dans les milieux et conditions d'utilisation. C'est la condition d'une bonne valorisation commerciale [Adams et al., 1976].

2. Paramètres physico-chimiques de stabilité pigmentaire des extraits

L'utilisation éventuelle des bétalaïnes d'une espèce végétale, comme colorant alimentaire, dépend entre autres facteurs, de leur stabilité dans les conditions physico-chimiques des milieux d'utilisations

Les analyses ont permis de préciser l'impact de différents paramètres physico-chimiques susceptibles de rentrer en ligne de compte lors de l'utilisation des extraits des deux espèces comme colorants alimentaires.

Nous avons comparé les effets des différents paramètres en utilisant la mesure de temps de demi-vie (T½), exprimés en minute.

2.1 Effet du pH à 25°C

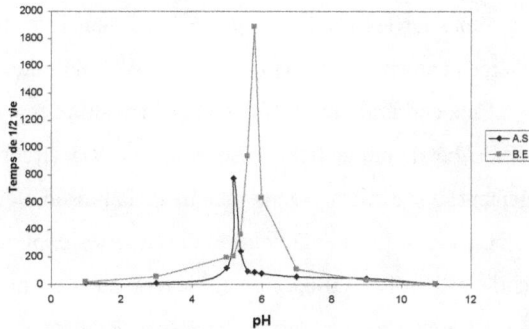

Figure 43 : **Effet du pH sur la stabilité des bétalaïnes e** *A.* **spinosus et de** *B.* **erecta**

Les résultats obtenus (fig.43) montrent qu'une fois extraites les bétacyanines d'*A.spinosus* ont une stabilité optimum à pH 5,2 ; tandis que celles de *Boerhaavia erecta* ont leur stabilité optimum à pH 5,8.

Ainsi la stabilité de ces bétacyanines semble meilleure aux pH faiblement acides. La sensibilité des bétacyanines au pH pourrait s'expliquer par la structure générale de ces pigments (figure 10), notamment par la présence de fonctions carboxyles et du groupe ammonium quaternaire.

Toute modification sur l'un de ces deux types de fonctions par variation du pH peut affecter l'aromaticité de la molécule de bétacyanine. Selon Schliemann et al. (1998) qui ont observé un effet semblable sur les bétalaïnes de *Amaranthus caudatus*, l'effet dégradant du pH très acide serait dû à l'intensification du phénomène d'isomérisation (formation d'isomères en position C15 et/ou C2). Les bétalaïnes extraites des nos deux plantes sont acylées car leur spectre d'absorption UV-visible montre une importante absorption à 280 nm. Or selon l'hypothèse précédente ; les groupes acyles des bétalaïnes acylées, par l'encombrement stérique qu'ils engendrent sur les sites réactionnels d'isomérisation semblent empêcher celle-ci. En milieu très acide ces groupes acyles n'arrivent pas à jouer leur rôle, il y a alors isomérisation accélérée et attaque hydrolytique de la liaison aldimine (entre C11 et N).

Cela entraîne l'hydrolyse de la bétacyanine en cyclodopa-5-o-glucoside et en acide bétalamique [Reynosso et al., 1997] (figure 13).En milieu basique également, il y a hydrolyse par attaque de la liaison aldimine.

La sensibilité au pH pourrait également s'expliquer par la modification du potentiel redox ($E = E0-0,6pH$), car les travaux de Attoe et collaborateurs (1984) ont montré que la dégradation oxydative des bétacyanines de Béta vulgaris en solution est en relation linéaire avec le potentiel redox du milieu.

2.2. Effet de la température sur la stabilité des bétacyanines des extraits

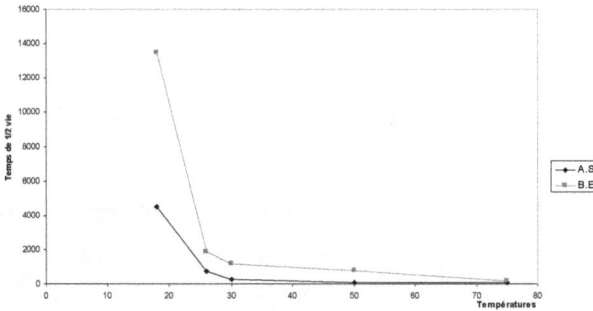

Figure 44 : Effet de la Température sur la stabilité des bétacyanines des deux espèces

Il ressort des résultats obtenus (figure 28), que les bétalaïnes des solutions congelées se conservent pratiquement presque intégralement tandis qu'avec des températures supérieures à 75°C la dégradation devient très rapide

Cette sensibilité thermique pourrait s'expliquer par la faiblesse de l'énergie d'activation moyenne de la réaction de dégradation des bétacyanines (12,5 kcal/mol à 25°C) [Von Elbe et Goldman., 2000]. Pasch et al. (1979) qui ont obtenu des résultats similaires avec les bétalaïnes de *Beta vulgaris* stipulent que lors de la dégradation thermique, la première étape consiste en une attaque nucléophile par H2O sur le carbone C11, conduisant ainsi par hydrolyse de la liaison aldimine au cyclodopa-5-O-glucoside et à l'acide bétalamique (figure 27). Il serait possible que l'acide bétalamique et le cyclodopa-5-O glucoside puissent, par une réaction de condensation d'une base de Schiff, redonner la bétacyanine surtout à basse température [Capon, 2001]. Cependant l'acide bétalamique qui est un composé très thermosensible peut également subir une condensation aldolique ou participer aux réactions de Maillard, ce qui le rend indisponible pour une réaction de régénération.

De même le cyclodopa-5-O- glucoside peut être hydrolysé. Il peut aussi s'oxyder, conduisant ainsi par polymérisation, aux composés de type mélanique [.Von Elbe et Goldman, 2000]

2.3 Effets d'additifs chimiques sur la stabilité des bétacyanines des extraits

Le criblage phytochimique a montré que les deux espèces végétales sont riches en acides organiques et en sels minéraux. La grande stabilité in vivo de ces pigments pourrait s'expliquer entre autres par l'activité de certains de ces composés. C'est la raison pour laquelle nous avons testé l'effet de certains composés chimiques sur la stabilité des bétacyanines des deux espèces végétales.

2.3.1 Effets des acides sur la stabilité des bétacyanines de A. spinosus et de B. erecta

Nous nous sommes intéressés ici aux acides lactique et acétique susceptibles de se retrouver dans divers aliments (lait, jus de fruit..). Les résultats obtenus (Tableau 19) montrent que l'acide lactique a peu d'effet sur la stabilité des bétacyanines tandis que l'acide acétique est plutôt dégradant.

Tableau 20: Effets d'acides organiques sur la stabilité des bétacyanines à 25°C

	Témoin	Acide acétique 100 ppm	Acide lactique 100 ppm
T½ (A. spinosus)	680±20,4	608,28±15,3	658,103±11,34
T½ (B. erecta)	1698±50,4	1610,31±42,1	1690±74,2

L'effet dégradant de l'acide acétique pourrait s'expliquer par son caractère corrosif qui, par l'hydrolyse de la liaison glycosidique, fragilise ainsi la génine qui devient facilement hydrolysable.

De manière générale les acides (organiques ou minéraux) ne semblent pas pouvoir améliorer la stabilité des bétacyanines extraites, probablement à cause de l'effet d'abaissement du pH qu'ils induisent. Or en milieu très acide l'isomérisation est accentuée, ce qui fragilise la molécule [Schliemann et al., 1998].

2.3.2 Effets de cations métalliques sur la stabilité des bétacyanines d'A. spinosus et de B. erecta.

Le test de stabilité avec les cations de fer et de cuivre s'explique par le fait que ces métaux peuvent se retrouver naturellement ou par contamination dans divers aliments. Les résultats obtenus (Tableau 20) montrent que ces cations entraînent une dégradation importante des bétacyanines après extraction.

Tableau 21: Effet de cations sur la stabilité des bétacyanines à 25°C

	Témoin	Fe^{+3} (200ppm	Cu^{2+}
$T\frac{1}{2}$(A spinosus)	628±23,2	440,98±17,6	78,875,3
$T\frac{1}{2}$ (B. erecta)	1622±45,3	1093,6±38,4	203±07,1

Cette dégradation s'explique par le fait que ces deux cations ($Fe+3$, $Cu2^+$) peuvent agir comme accepteur d'électrons. Cela pourrait déstabiliser le centre électrophile (l'ammonium quaternaire). Il en résulterait alors une hydrolyse plus facile de la liaison aldimine [Pasch et Von Elbe, 1979].

2.3.3- Effet d'antioxydants sur la stabilité des bétacyanines de A. spinosus et de B. erecta à 25°C

Si les bétacyanines sont sensibles au potentiel redox, l'addition de composés antioxydants devraient améliorer leur stabilité. Les tests avec l'acide ascorbique (et son isomère l'acide isoascorbique) et l'α-tocophérol donnent des résultats positifs dans l'ensemble (tableau 21).

Tableau 22: Effet d'antioxydants sur la stabilité des bétacyanines à 25°C

	Témoin	Acide Ascorbique			Acide isoascorbique			α-tocophérol
		100 ppm	1000 Ppm	10000 ppm	100 ppm	1000 ppm	10000 ppm	100 ppm
T½ (*A spinosus*)	620±21,3	581±23,5	777±28,4	560±32,5	786±31,4	869±39,4	777±28,2	645±31,5
T½ (*B. erecta)*	1519±56,7	1424±62,4	1044±38,9	1375±68,4	1927±63,3	2132±76,5	1905±66,5	1383±63,5

Bien que l'acide ascorbique dans certains cas entraîne une diminution de stabilité, son isomère l'acide isoascorbique a un effet stabilisateur régulier avec un maximum à 1000ppm. Cet effet versatile de l'acide ascorbique a été observé aussi par Reynoso et al. (1997) lors de l'étude de bétalaïnes des Cactacées mexicaines. Cela s'expliquerait par le fait qu'en présence de métaux (comme le fer) et d'oxygène moléculaire, l'acide ascorbique s'oxyde puis provoque l'oxydation des bétacyanines [Reynoso et al., 1997]

L'α-tocophérol, a un effet antioxydant moindre que celui de l'acide isoascorbique. Ce composé est reconnu pour sa capacité d'inhibition des réactions radicalaires, car il favorise la phase de terminaison de ces réactions. Cela pourrait signifier qu'une part de l'oxydation dégradative des bétacyanines se fait selon un mécanisme radicalaire.

Des résultats précédents il ressort qu'il existe au moins deux mécanismes de dégradation des bétacyanines : l'hydrolyse (majoritaire) et l'oxydation.

2.3.4 Effets de séquestrants sur la stabilité des bétacyanines d' A. spinosus et de B. erecta.

La vulnérabilité hydrolytique des bétacyanines étant due à la fragilité de la liaison aldimine (à cause de la fonction ammonium IV) tout composé capable de protéger ce site devrait stabiliser ces pigments.

L'addition de sels d'acide citrique ou d'EDTA entraîne une amélioration de la stabilité des bétacyanines (tableau 22). L'effet stabilisateur de l'EDTA est supérieur à celui de l'acide citrique. Le rôle stabilisateur de ces deux composés chimiques testés pourrait être lié à un mécanisme de séquestration qui neutraliserait alors partiellement le centre sensible (électrophile) de la molécule.

Tableau 23. Effets de séquestrants sur la stabilité des bétacyanines à 25°C

	Témoin	Acide citrique 10000ppm	EDTA 10000ppm
T½ (*A spinosus*)	700±32,3	1013±42,7	1035±48,5
T½ (*B. erecta*)	1613±51,1	2336±85,2	2386±87,6

Ces résultats permettent d'énoncer l'hypothèse suivante pour la réaction d'hydrolyse : une attaque par un nucléophile sur l'ammonium quaternaire pourrait expliquer la fragilisation de la liaison aldimine, facilitant ainsi son hydrolyse. En effet, à pH 5,5 les sels d'acide citrique et d'EDTA comportent des carboxyles dissociés qui pourraient séquestrer, par chélation, l'ammonium IV. Ces séquestrants pourraient aussi chélater les cations métalliques capables de catalyser l'oxydation destructrice des bétacyanines [Reynoso et al., 1997]

Ces résultats sont importants pour envisager l'utilisation des bétalaïnes des deux espèces. De nombreuses travaux [Delgado-Vargas et al., 2000 ; Stintzing et al., 2004] ont montré que les bétalaïnes constituent les meilleurs colorants biologiques du fait de leur bonne capacité de résistance aux variations de pH, ainsi que de leur pouvoir de régénération (aux températures inférieures à 10° C et à pH 5-6).[Han et al., 1998]

3. Potentialités comme d'additifs alimentaires ou de nutraceutiques

« Que votre alimentation soit votre médecine et que la médecine vous alimente».- Hippocrate, (400 avant J.-C.)

3.1 Utilisation comme colorant biologique et supplément alimentaire

Les résultats obtenus ont montré que les extraits bétalaïniques des deux espèces possèdent de bonnes propriétés pigmentaires. Ils sont moyennement thermostables, stables en milieu moyennement acide. Les extraits des deux espèces possèdent dont des potentialités de colorants biologiques bétacyaniques. Les études toxicologiques faites sur des bétacyanines pures ont montré qu'elles ne présentent pas de danger pour la consommation humaine, cela d'autant plus que les extraits de bétacyanines de *Beta vulgaris* et de nombreuses Cactaceae sont utilisées dans l'alimentation humaine depuis des siècles [Reynoso et al., 1997, 1999].

Il serait possible d'utiliser les extraits bétalaïniques des deux espèces à la place des colorants synthétiques pour colorer les aliments déjà cuits (produits laitiers fermentés, jus de fruits après pasteurisation, aliments congelés), des aliments ne contenant pas trop d'eau (bonbon, produits alimentaires déshydratés), produits carnés (volailles), l'eau glacée et épicée.

Aujourd'hui la betterave est la première source de production de bétalaïnes. Or les extraits de cette plante, présentent parfois une odeur indésirable (de terre) due à la géosmine [Stintzing et al., 2000]. Ainsi les variétés locales d'*Amaranthus* spp. et de *Boerhaavia* spp. les plus pigmentées pourraient être valorisées pour produire des colorants bétalaïniques de bonne qualité organoleptique.

Des travaux récents ont montré l'importance des pigments naturels comme ingrédients nutraceutiques. Il a été suggéré que les bétalaïnes, les anthocyanes, les beta-carotènes tout comme les extraits de divers légumes et fruits puissent être utilisés pour leurs apport à la protection de l'organisme contre toute sorte d'agressions. Par exemple les bétaxanthines (formées d'acide aminé essentiel lié à l'acide bétalamique) en plus de leur activité pigmentaire constituent des moyens d'apport d'acides aminés essentiels dans les régimes alimentaires. Ce fait a donné naissance au concept de colorant alimentaire essentiel [Delgado-Vargas et al., 2000 ; Stintzing et al., 2000].

Pour l'utilisation pigmentaire des bétacyanines des deux espèces il serait possible de travailler avec des extraits totaux car il a été montré que les pigments purifiés sont plus fragiles [Attoe et Von Elbe, 1984]. Nos résultats ont montré que les deux espèces sont riches en substances nutritionnelles (acide aminé) et en colorants à potentialité alimentaire.

D'autres résultats de recherches sur ces espèces ont mis en évidence des minéraux essentiels (Ca, Fe, Mg,…) des taux élevés de protéines jusqu'à 20% [Teutonico et Knorr, 1985, Bawa et Yadav, 1986 ; Smith et al., 1996 ; Cai et al., 1998].

Ces différents résultats pourraient expliquer l'utilisation fourragère [Berghofer et al., 2002] des deux espèces dans la région du plateau central pour l'engraissement des animaux. De même dans certaines régions du monde (Amérique andine, Chine) les espèces du genre *Amaranthus* sont utilisées pour leur apport protéique, minéral et vitaminique [Teutonico et Knorr, 1985]. La présence de sels minéraux essentiels, d'acides aminés, de vitamines C, l'activité neurotrope des bétalaïnes et dérivés pourraient expliquer l'utilisation des espèces à bétalaïnes pour compléter l'alimentation des enfants lors de la poussée dentaire, des convalescences, du kwashiorkor [Hill et Rawate., 1982 ; Sena et al., 1998].

Il serait ainsi intéressant d'envisager de sélectionner des variétés améliorées (pauvres en oxalates, de bonne teneur en protéines, de culture facile) de ces espèces qui pourraient constituer une source potentielle de protéines assez complètes et à faible coût, capables d'améliorer l'état nutritionnel des populations à faible revenu. Un tel projet pourrait bénéficier du capital que constitue la bonne acceptation d'utilisation d'Amaranthaceae dans les pays environnant le Burkina Faso [Smith et al., 1996].

3.2 Utilisation comme conservateurs de produits alimentaires

Beaucoup de produits alimentaires sont susceptibles d'oxydation de part la présence de certains types de composés chimiques : les lipides, les phénols, les métaux (myoglobines de viandes et protéines du lait). En technologie alimentaire, des additifs antioxydants (substances qui à faible concentration par rapport à un substrat oxydable, ralentissent son oxydation) sont largement utilisés. Ils protègent contre les dégâts causés par les agents pro-oxydants (oxygène, cations métalliques, illumination, température, irradiations). La nocivité de certains antioxydants synthétiques tels que le BHA (Butyle Hydroxyle Anisol), Le BHT (Butyle Hydroxyle Toluène), l'EDTA qui furent pendant longtemps utilisés, est aujourd'hui bien établie. Il y a actuellement un intérêt pour la recherche d'antioxydants biologiques. L'utilisation d'herbicides et de pesticides par l'agriculture moderne diminue la synthèse d'antioxydants naturels de nombreux légumes et fruits qui étaient les sources de ces composés. Dans ce cadre, ces deux plantes pourraient servir de sources pour produire des antioxydants naturels, non toxiques, utilisables aussi bien pour la conservation de produits manufacturés (ou non) que pour la supplémentation alimentaire (sous forme de capsules d'extraits bruts standardisés).

3.3 Utilisation comme indicateur de qualité de conservation

Les bétalaïnes des deux espèces pourraient par leurs propriétés d'antioxydants et de molécules pigmentaires être envisagées pour la mise en place d'un système d'indicateur de date de péremption de produits alimentaires.

Les bétalaïnes de teinte naturelle jaune, orange, rouge ou violette, deviennent brunes quand ils absorbent des radicaux libres. Dans de nombreux produits alimentaires les effets de la lumière, de la chaleur, des métaux, de l'oxygène, de l'âge et des microorganismes produisent des radicaux libres qui entraîneraient un changement de couleur des bétalaïnes incorporés dans des aliments. De plus des extraits purifiés de bétacyanines incorporés dans des aliments, des cosmétiques ou des produits pharmaceutiques joueraient en plus du rôle de révélateur d'état, un rôle de conservateur par leur activité d'antioxydant. En effet le système classique de date de péremption n'utilise que l'âge sans tenir compte des facteurs de détérioration ci-dessus évoqués et qui sont très opérants sous des climats comme les nôtres.

En résumé, les extraits d'*A. spinosus* et de *B. erecta* possèdent des propriétés nutritionnelles, d'additifs alimentaires (colorant, supplément, conservateur), thérapeutiques (antioxydant, antimicrobiens). Cette concomitance d'activités nutritionnelles et médicamentaires amène à parler de substances nutraceutiques.

CONCLUSION GENERALE ET PERSPECTIVES

L'objectif de ce travail de thèse était d'établir l'état d'utilisation éthnomédicinale des espèces à bétalaïnes dans la région du plateau central Mossi ; de vérifier l'efficacité des extraits d'*A.spinosus* et de *B. erecta* dans le traitement du paludisme, des pathologies de stress oxydant et pour servir comme aditifs nutraceutiques.

Ce travail a été organisé autour de trois grands axes que sont l'enquête ethnobotanique, les études phytochimiques, les évaluations d'activités biologiques et nutraceutiques.

L'étude bibliographique préalable a montré la nécessité de recherche à partir des espèces médicinales locales, de nouvelles substances actives contre le paludisme et les pathologies de stress oxydant.

Le travail préliminaire de collecte et de traitement de données auprès des phytothérapeutes traditionnels a permis de savoir qu'au moins une trentaine d'espèces de l'ordre des Caryophyllales sont couramment utilisées comme plantes médicinales dans la région pour traiter diverses pathologies infectieuses ou métaboliques. Les rituels d'utilisations de ces espèces semblent indiquer une implication des bétalaïnes.

La mise en œuvre de techniques classiques de criblage et d'analyse chimique appliquées à différents extraits d'*A.spinosus* et de *B. erecta* nous a montré que les principaux groupes chimiques présents dans les deux espèces étaient les composés phénoliques (tannins, acides phénols, bétalaïnes, flavonoïdes), les triterpènes, les stéroïdes, les acides aminés et amines biogènes.

Dans un second temps, les analyses HPLC-DAD et HPLC-ESI-MS ont permis d'identifier les acides phénols, les flavonoïdes et surtout les bétalaïnes des deux espèces. Chez *A. spinosus* de nombreux esters d'acide quinique, de quercetine, de kaempférol, ainsi que l'amaranthine et la bétanine ont été mis en évidence. Quant à *B. erecta* elle contient des Catéchines, des procyanidines, des esters de Quercetine, de kaempférol, d'isorhamnetine ainsi que la bétanine et de la Néobétanine. Pour cette dernière molécule c'est l'une des rares fois où elle a été trouvée à l'état naturel, car on la trouve *in vitro* comme produit de traitements chimiques.

Comme préalable à l'étude d'activité biologique, la détermination *in vivo* des DL_{50} a montré que dans les conditions traditionnelles d'utilisation, les extraits d'*A.spinosus* et de *B. erecta* ne présentent pas de risque important de toxicité aiguë.

L'évaluation de l'activité antiradicalaire a montré que les extraits des deux espèces, en particulier leurs fractions bétacyaniques, possédaient d'assez bons pouvoirs antioxydants. Cette propriété permet de justifier l'utilisation d'*A.spinosus* et de *B. erecta* pour traiter les pathologies de stress oxydant. En effet en plus des propriétés biologiques connues des flavonoïdes et des acides phénols, il y a surtout que la molécule de bétanine identifiée dans les extraits des deux espèces est connue pour ses propriétés immunostimulante, anti-tumorale, anti-ulcère et pour traiter les pathologies cardio-vasculaires.

L'étude de l'activité antiplasmodiale *in vivo* a permis de constater que les extraits d'*A.spinosus* et de *B. erecta* sont doués de propriétés antiplasmodiales. Cela a permis de montrer que l'utilisation traditionnelle de ces deux espèces dans la région du plateau central pour traiter le paludisme, était basée sur une véritable activité antiparasitaire. Les Flavonoïdes (molécule à propriété antiplasmodiale connue) des extraits pourraient, en partie, rendre compte de cette activité. C'est surtout les bétalaïnes, molécules à ammonium quaternaire, douées de propriétés antioxydantes et de chélation qui pourraient faire de ces espèces des sources de composés pour la nouvelle pharmacologie du paludisme. D'ores et déjà les extraits des deux espèces doivent pouvoir être utilisés comme éléments de thérapie complémentaire (en plus de la thérapie antiplasmodiale conventionnelle) ne serait ce que pour les propriétés immunostimulante, anti-inflammatoire et antioxydante démontrées des bétalaïnes des deux espèces. Ces molécules, en plus d'optimiser les effets des thérapeutiques des molécules existantes (arthéméter, Chloroquine, pentadimines) ou en devenir (vaccins immuno-régulateurs) devraient permettre de réduire considérablement leur toxicité pour le patient.

L'évaluation du pouvoir pigmentaire et de la capacité de résistance aux conditions physico-chimiques potentiellement dégradantes ont montré que les extraits d'*A.spinosus* et de *B. erecta* présentent de bonnes qualités pour être utilisés comme alternatives aux colorants synthétiques dont certains peuvent s'avérer nocifs à la santé humaine. Un autre atout pour l'utilisation alimentaire des extraits des deux espèces est leur richesse en minéraux, acides aminés et vitamines essentiels.

En somme les extraits d'*A.spinosus* et de *B. erecta*, grâce à leurs composés phénoliques, et surtout leurs bétalaïnes, possèdent des propriétés pharmacodynamiques et d'aditifs diététiques organoleptiques ; autrement dit ce sont sources potentielles des nutraceutiques.

Ces résultats apportent des éléments d'explication scientifique de l'usage traditionnel d'espèces de la médecine traditionnelle Burkinabé, que sont *A.spinosus* et *B. erecta* pour leur activité antipaludéenne et antioxydante. Cela pourrait contribuer au processus en cours de mise en place d'une Pharmacopée nationale Burkinabé.

Afin d'affiner et de mettre en pratique les résultats ainsi obtenus, un certain nombre d'études sont envisagées :

-faire un fractionnement bio-guidé ;

- Faire des tests d'activité antiplasmodiale *in vivo* avec des bétalaïnes pures isolées et le cas échéant identifier le stade biologique du *Plasmodium* sur lequel ces molécules sont les plus actives.

- Evaluer l'activité hormonale des extraits des deux espèces et identifier les principes anti-gravidiques (qui contre-indiquent leur utilisation par les femmes en grossesse). Ces dernières sont généralement victimes de complications paludiques graves pouvant compromettre la santé de la mère et/ou celle de fœtus. Les extraits, une fois débarrassés de ces substances, pourraient être formulés pour la médication du paludisme. De plus les substances myo-excitatrices, isolées, pourraient servir pour assister les femmes ''en travail'' difficile

- Envisager un essai de supplémentation nutritionnelle de personnes séropositives avec des extraits enrichis des deux espèces. La présence de bétalaïnes (immunostimulants, anti-tumoraux, antioxydants, antifongiques) et des acides aminés, minéraux et vitamines essentiels pourraient améliorer l'état de ces personnes. Les médicaments anti-rétroviraux ne s'adressent qu'à des personnes très immunodépressives (de 200 CD4 par millimètre cube de sang). Plus de 60% de personnes infectées ne sont pas éligibles au traitement ; on pourrait conseiller ces personnes sur des nutritions appropriées et des compléments qui vont combler la consommation accrue d'antioxydants endogènes et ainsi ralentir l'évolution vers le moment (SIDA) où il faudra utiliser des médicaments qui coûtent chers et qui ont aussi des effets secondaires.

- Enfin, il serait intéressant d'étudier les potentialités cosmétiques des extraits des deux espèces pour être incorporés dans des crèmes de bronzage. Les deux espèces ici étudiées produisent beaucoup de bétalaïnes pour se protéger des radiations UV-B nocives. De même les extraits bétacyaniques des deux espèces pourraient servir comme rouge à lèvres non nocif et même nutraceutiques.

REFERENCES BIBLIOGRAPHIQUES

1. Adams, J.P. Von Elbe, J.H.& Amundson, C.H. (1976). Production of a Betacyanine concentrate by Fermentation of Red Beet Juice with *Candida utilis. Journal of Food Science* 41 (1), 78-81.

2. Adams, J.P.& Von Elbe, J.H. (1977). Betanine separation and quantification by chromatography on gels. *Journal of Food Science*, 42 (2), 410-414.

3. Affary, A., Salvayre, R. & Douste-Blazy, L. (1987). Comparison of the protective effect of various flavonoids against lipid peroxidation of erythrocyte membranes (induced by cumene hydroperoxide). *Fundamental and Clinical. Pharmacology*, 1, 451-457.

4. Alard, D., Wray, V., Grotjahn, L., Reznik, H. & Strack, D. (1985). Neobetanin: Isolation and identification from *Beta vulgaris. Phytochemistry*, 24, 2383-2385.

5. Allende, I. (1998) Aphrodite: the love of food and the food of love. London: Flamingo.

6. Annaya-Velazque, F., Padilla-Vaca, F., Arias-Negrete, S. & Mendoza, D. (1989). *In vitro* activity of nalidixique acid and its iron (III) complex on *Entamoeba histolytica. Transaction of the royal society of tropical medicine and Hygiene*, 83, 344-345.

7. Ancelin, M.L. & Vial, H.J. (1986). Quaternary ammonium compound efficiently inhibits *Plasmodium falciparum* growth *in vitro* by impairment of choline transport. *Antimicrobial agents and Chemotherapy*, 29, 814-820.

8. Andersen, M.L., Outtrup, H. & Skissted, L.H. (2000). Potential antioxidants in Beer assessed by ESR spin Trapping. *Journal. of Agriculture and Food Chemistry*, 48, 3106-3111.

9. Anon. (2003) ''Beetroot spices up sex life'', *BBC News*, 23 July, http://news.bbc.co.uk/.

10. Arkko, P.J., Arkko, B.L., Kari-kobkinen, O. & Taskinen, P.J. (1980). Survey of unproven cancer remedies and their uses in an outpatient clinic for cancer therapy in Finland. *Society of. Science and. Medicine*, 14 A, 511-514.

11. Attoe, E.L. & Von Elbe, J.H. (1984). Oxygen involvement in betanin degradation: oxygen uptake and influence of metal ions. *Zeitschrift fur. Lebensmittel Untersuchung und forschung*, 179, 232-236.

12. Awasthi, L.P. & Mukerjee, K. (1980). Protection of potato X virus infection by plant extracts. *Biology of Plants*, 22 (3), 205-209.

13. Awasthi, L.P. (1984). Prevention of plant virus diseases by *Boerhaavia diffusa* inhibitor. *International. Journal of Tropical. Plant Diseases*, 2 (1), 41-44.

14. Ayaiyeoba, E.O., Abalogu, U.I., Krebs, H.G. & Oduala, A.M.J. (1999). *In vivo* antimalarial activities of *Quassia amara* and *Quassia undulata* plant extracts in mice. *Journal of Ethnopharmacology*, 67, 321-325.

15. Banerji, N. & Chakravarti, R.N. (1973). Constituents of *Amaranthus spinosus* (Amaranthaceae). *Journal of Institute of Chemistry*, XLV, 205-206.

16. Basco, L.K., Ruggeri, C. & Le Bras, J. (1994). *Molécules antipaludiques, mécanismes d'action, mécanismes de résistances et relations structure-activité des schizonticides humains.* Masson. Paris.

17. Bawa, S.F. & Yadav, S.P. (1986). Protein and mineral content of green leafy vegetables consumed by the sokoto population. *Sciences of Food and Agriculture*, 37 (5), 504-506.

18. Begum, A.N. & Terao, J. (2002). Protective effect of Quercetine against cigarette tar extract-induced impairment of erythrocyte deformability; *Journal of Nutrition and Biochemistry*, 13, 269-272.

19. Behari, M., & Andhiwal, L. (1976). Chemical examination of *Amaranthus spinosus* Linn. *Current Science*, 45 (13), 481-484.

20. Benavente-Garcia, O., Castillo, J., Marin, F.R., Ortuno, A. & Delrio, J.A. (1997). Uses and properties of *citrus* flavonoids. *Journal of Agriculture and Food Chemistry*, 45 (12), 504-514.

21. Bep, O.L. (1986). Medicinal plants in tropical west Africa.1st Ed., Cambridge University Press, London. 375 pages.

22. Bergan, T., Klaveness, J. & Aasen, A.J. (2001). Chelating agents. *Chemotherapy,* 47 (1), 10-14.

23. Berghofer, E. & Schoenlechner, R. (2002). *Grain Amaranth.* Dans *Pseudocereals and less common cereals, Grain properties and utilization potential*, Belton, P.S. & Taylor, J.R.N. (eds.); Springer, Berlin-Heidelberg-New York, pp. 219-260.

24. Bhalla, T., Gupta, M. & Bhargava, K. (1971). Anti-inflammatory activity of *Boerhaavia diffusa* L. *Journal of Researches on Indian Medicines*, 6 (1), 11-15.

25. Bilyk, A. (1979). Extractive fractionation of betalaines. *Journal of Food Science*, 44 (4), 1249-1251.

26. Bilyk, A. (1981). Thin layer Chromatography separation of beet pigments. *Journal of Food Science*, 46, 298-300.

27. Bilyk, A. & Howard, M. (1982). Reversibility of Thermal-Degradation of betacyanins under the Influence of Isoascorbic Acid. *Journal of Agriculture and Food Chemistry*, 30(5), 906-908.

28. Bittrich, V. & Amaral, M.C.E. (1991). Proanthocyanidins in the testa of centrospermous seed. *Biochemistry and.Systematics Ecology*, 19, 319-321.

29. Böhm, H. & Rink, E. (1988). *Betalains*. Dans *Phytochemicals in plant cell cultures*.Constabel, F, & Vasil, I. eds. Academic Press, San Diego, pp. 449-463.

30. Borkowski, B., Olszak, M. & Kortus, M. (1966). Basic compounds of *Amaranthus*. species. I. Choline and betaine in *Amaranthus paniculatus.Poznan.Towaz.Przyjaciol Nauk Wydzial Lekar.Prace Komisji Farm.*, 4, 15-23.

31. Brandl, W. & Herrmann, K. (1983). Hydroxycinnamic acid esters in brassicaceous vegetables and garden cress. *Zeitschrift Lebensmittel Unterschung Forschung*, 176, 444-447.

32. Braun-Sprakties, U. (1992). *Amaranthus*. Dans *Hager's Handbuch der Pharmazeutischen Praxis: Drogen A-D, Partie 4*. Hänsel, R., Keller, K., Rimpler, H. & Schneider, G. (eds.), Springer, Berlin-Heidelberg-New York, pp. 239-24.

33. Bruneton, J.(1993). *Pharmacognosie, Phytochimie, plantes médicinales*; 2eme édition, Techniques et Documentation- Lavoisier, Paris p 217.

34. Bryskier, A., Labro, M.T. (1988). Paludisme et médicaments. Arnette, Paris, P 36.

35. Brown, D. (1995). *Encyclopedia of herbs and their uses*. Dorling Kindersley, London.

36. Butera, D., Tesoriere, L., Di Gaudio, F., Bongiorno, A. Allegra, M. & Pintaudi, A.M. (2002). Antioxidant activities of Sicilian prickly pear (*Opuntia ficus indica*) fruit extracts and reducing properties of its betalains: Betanin and indicaxanthin. *Journal of Agriculture and Food Chemistry*, 50 (23), 6895-6901.

37. Byrd, T.F. (1997). Tumour Necrosis factor α (TNFα) promote growth of virulent *mycobacterium tuberculosis* in human monocytes. *Journal of Clinical Investigations*, 99, 2518 2529.

38. Cai, Y.Z., Sun, M. & Corke, E. H. (1998 a). Colorant properties and stability of *Amaranthus* betacyanin pigments. *Journal of Agriculture and Food Chemistry*, 46 (11), 4491-4495.

39. Cai, Y.Z., Sun, M., Wu, H., Huang, R.H. & Corke, H. (1998 b). Characterization and quantification of betacyanin pigments from diverse *Amaranthus* species. *Journal of Agriculture and Food Chemistry*, 46(6), 2063-2070.

40. Cai, Y., Sun, M. & Corke, H. (2001). Identification and distribution of simple and acylated betacyanins in the Amaranthaceae. *Journal of Agriculture and Food Chemistry*, 49, 1971-1978.

41. Cai, Y., Sun, M. & Corke, H. (2003). Antioxidant activity of betalains from plants of the Amaranthaceae. *Journal of Agriculture and Food Chemistry*, 51, 2288-2294.

42. Capon, B. (2001). *Organic reaction mechanism*. Intersciences publishers ed. New York.p.401

43. Castro-Mendez, I.E. (2001). *Boerhaavia Spp. Rev. Cubana Plant Med.* 2, 67-72.

44. Chakraborti, K.K. & Hand, S.S. (1989). Antihepatotoxic activity of *Boerhaavia diffusa*. *Indian Drug*, 13, 161-166.

45. Chandra, A., Rana, J. & Li, Y. (2001). Separation, identification, quantification, and method validation of anthocyanins in botanical supplement raw materials by HPLC and HPLC-MS. *Journal of Agriculture and Food Chemistry*, 49, 3515-3521.

46. Chandramohan, D., Mahadevan, A. & Rangaswami, G. (1967). Changes in aminoacid content of *Amaranthus tricolor* leaves infected with *Alternia* species. Current Science, 36 (3), 80-81.

47. Chang, A.C., Kosanke, S. & Hin, L. (1996). Efficacy of treatment with iron (III) complex of diethylenetriaminepentaacetic acid in mice and primate inoculated with live lethal dose 100 *Echerichia coli. Journal of clinical Investigations*, 98, 192-198.

48. Cheftel, J.C., Cheftel, H. & Besançon, P. (1977). *Introduction à la Biochimie et à la technologie des aliments*. Tome 2, Techniques et Documentation- Lavoisier, Paris.

49. Chevalier, A. (1996). *The encyclopaedia of medicinal plants*. DK Publishing Inc. New york, pp. 59-64.

50. Chopra, R.N., Nayar, S.L. & Chopra, J.C. (1956). *Glossary of Indian medicinal plants*. C.S.I.R, New Delhi, India.

51. Ciulei, I. (1982). *Methodology for analysis of vegetal drugs*. Ministry of chemical industry, Bucharest, Romania, p. 1-67.

52. Clement, J.S., Mabry, T.J. (1996). Pigment evolution in the Caryophyllales: A systematic overview. *Botanica Acta*; 109(5): 360-367.

53. Clifford, M.N. (2003 a). The analysis and characterisation of Chlorogenic acids and other cinnamates. Dans *Methods in polyphenol Analysis*, Santo-Buelga, C. & Williamson, G. (eds.) R.S.C, Cambridge, UK, pp.14–337.

54. Clifford, M.N., Johnston, K.L., Knight, S. & Kuhnert, N. (2003 b). Hierarchical scheme for LC-MS[n] identification of chlorogenic acids. *Journal of Agriculture and Food Chemistry*, 51, 2900-2911.

55. Coley, P.D. & Aide, T.M. (1989). Red coloration of tropical young leaves: a possible antifungal defence. *Journal of Tropical Ecology*, 5, 293-300.

56. Colomas, J. (1976). Study on betalains in *Amaranthus tricolor* var. bicolor Ruber Hort. Seedling: characterization of Amaranthin. *Comptes Rendus Hebdomadaires des Séances de l'Académie des Sciences*, D, 283 (9), 1037-1039.

57. Colomas, J. (1977). Séparation des pigments bétalaïques par une méthode fondée sur la chromatographie sur gel de Sephadex appliquée à des plantules d'*Amaranthus caudatus* L. *var pendula*. *Zeitschrift der. Pflanzenphysiologie*, 85, 227–232.

58. Colomas, J., Barthe, P. & Bulard, C. (1978). Séparation et identification des bétalaïnes synthétisées par les tissus de tige de *myrtillocactus geometrizans* cultivés *in vitro*. *Zeitschrift Pflanzenphysiologie*, 87, 341- 346.

59. Conrad, O., Ian, C.H., Tuan, T.N. & Judith, C.C. (1990). Calcium oxalate crystal: the irritant factor in Kiwifruit. *Journal Of Food Science*, 4, 1066-1069.

60. Costa-Arbulu, C., Gianoli, E., Gonzales, W.L. & Niemeyer, H.M. (2001). Feeding the aphid *Sipha flava* a reddish spot on leaves of *sorghum halpense*: an induced defence? *Journal of Chemical Ecology*, 27, 273-283.

61. Coulibaly, M. (1996). Contribution à l'étude in vitro de l'activité antiplasmodique d'extrait de huit (8) plantes médicinales du Burkina Faso. Thèse de Doctorat es Sciences biologiques appliquées, FAST, Université de Ouagadougou. 152 p

62. Cuenoud, P., Savolainen, V., Chatrou, L.W., Powell, M., Grayer, R.J. & Chase, M.W. (2002). Molecular phylogenetics of Caryophyllales based on nuclear 18S rDNA and plastid rbcL, atpB, and matK DNA sequences. *American Journal of Botany*, 89(1), 132-144.

63. Dadjoari, M. (1992). Contribution à l'évaluation de l'impacte économique du Paludisme chez les travailleurs d'entreprise. Thèse d'état de Médecine, FSS, Université de Ouagadougou.

64. De Backer-Royer, C., Vannereau, A., Duret, S., Villavignes, R. & Cosson, L. (1990). Action de métaux lourds Cu et Cd sur des cellules de *Catharanthus roseus* cultivées *in vitro*: adaptation et production alcaloïdique. *Collections de l'Institut National des Ressources Alimentaires*, 51 pp. 247-251.

65. Decker, E.A., Ivanov, V., Zhu, B. & Frei, B. (2001). Inhibition of low-density lipoprotein oxidation by carnosine and histidine. *Journal of Agriculture And Food Chemistry*, 49 (1), 511-516.

66. Delgado-Vargas, F., Jimenez, A.R. & Paredes-Lopez, O. (2000). Natural Pigments: Carotenoids, Anthocyanins, And Betalains - Characteristics, biosynthesis, processing, and stability. *Critical Reviews In Food Science and Nutrition*, 40 (3), 173-289.

67. Diallo, H. (1983). Contribution a l'étude des propriétés cholérétiques et diurétiques de *Boerhaavia diffusa* L. (Nyctagynaceae). Thèse de Doctorat de Médecine vétérinaire. Ecole Inter-Etats de Sciences et Médecine Vétérinaires (EISMV). Université de Dakar.

68. Di Carlo, G., Mascolo, N., Izzo, A.A., & Capasso, F. (1999). Flavonoids: old and new aspects of a class of natural therapeutic drugs. *Life Science*, 65, 337-353.

69. Djiré, A. (1999). Analyse de l'évolution de la chimiorésistance du Paludisme au Burkina Faso de 1992 à 1998. Thèse d'état de Médecine, FSS, Université de Ouagadougou.98 p

70. Docampo, R. & Moreno, S.N.J. (1996). The role of Ca^{2+} in the process of cell invasion by intracellular parasites. *Parasitology Today*, 12 (2), 61-64.

71. Dogra, J.V.V., Jha, O.P., Mishra, A. & Ghosh, P.K. (1980). Chemotaxonomy of Amaranthaceae, part II: Study of free amino and organic acids. *Indian Botany Society proceedings*, 59, 227- 229.

72. Döpp, H. & Musso, H. (1973). Die Konstitution dess Muscaflavins aus *Amanita muscaria* und über Betalaminsäure. *Naturwissenschaften*, 60, 477-478.

73. Draper, S.R. (1976). *Biochemical analysis of crop science* Oxford University Press, Oxford, pp. 51-119.
74. Dunkelblum, E., Dreiding, A.S. & Miller, H.E. (1972). Mechanism of Decarboxylation of Betanidine-Contribution to interpretation of biosynthesis of betalains. *Helvetica Chimica Acta*, 55(2), 642-.647.

75. Edeoga, H. O. & Ikem, I. (2002). Tannin, saponins and Calcium oxalate Crystals from Nigerian *Boerhaavia* L. (Nyctagyneae). *South African Journal of Botany*, 68, 386-388.
76. Ehrendorfer, F. (1976). Closing remarks: systematics and evolution of centrospermous families. *Plants Systematics and Evolution*, 126, 99-105.

77. Eichler, A.W. (1878). *Blutendiagramme*, 2, Leipzig, pp.128-132.
78. Elleingand, E., (1998). *Réactivité du radical tyrosinyle de la ribonucléotide réductase: Application à la recherche de nouveaux inhibiteurs*. Thèse de Doctorat de Pharmacie. Université Joseph Fourier, Grenoble I. France.

79. Endress, R. (1976). Betacyanin Accumulation in Callus of *Portulaca-Grandiflora* Var Jr Influenced by Phytohormones and Cu^{2+}-Ions on Different Basel Media. *Biochemie Und Physiologie Der Pflanzen*, 169(1-2), 87-98.

80. Endress, R. (1977). Influence of Possible Phosphodiesterase Inhibitors and Cyclic Amp on Betacyanine Accumulation. *Phytochemistry*, 16(10), 1549-1554.

81. Endress, R., Jager, A. & Kreis, W. (1984). Catecholamine Biosynthesis Dependent on the Dark in Betacyanin-Forming *Portulaca* Callus. *Journal of Plant Physiology*, 115(4), 291-295.

82. Escribano, J., Pedreno. M.A., Garcia-Carmona, F. & Munoz, R. (1998). Characterization of the antiradical activity of betalains from *Beta vulgaris* L. roots. *Phytochemical Analysis,* 9(3), 124-127.

83. FAO. (2000). *Rapport sur l'état Nutritionnel des populations.* United Nations Food and Agriculture Organisation, Rome, Italie.

84. Farnsworth, N.R., Akerele, O., Bingel, A.S., Soejarto, D.D. & Guo, Z. (1986). Place des plantes medicinales dans la therapeutique. *Bulletin de l'Organisation Mondiale de la Santé*, 64 (2), 159-175.

85. Favier, A. (2003). Le stress oxydant - Intérêt conceptuel et expérimental dans la compréhension des mécanismes des maladies et potentiel therapeutique. *L'actualité chimique*, Novembre - Décembre 2003, 108-115.

86. Feng, P.C., Haynes, K.J. & Magnus, K.E. (1961). Concentrations of (-) Noradrenaline in *Portulaca olearacea. Nature,* 191, 1108-1109.

87. Ferenczi, A. (1959). Treatment of tumours with red beet, *Zeitschrift. Ges. Inn. Med. Grenzgebiete*, 14 (8), 408-412.

88. Fivaz, J., Zaiko, M., Hinz, U. & Zryd, J.P. (1995). The evolution of betalain biosynthesis in plants and fungi. *Experientia,* 50, 4744-4754.

89. Francis, F.J. (2000). Anthocyanins and betalains: Composition and applications. *Cereal Foods World*, 45(5), 208-213.

90. Friedman, M. (1997). Chemistry, Biochemistry, and dietary role of potato polyphenol. A review. *Journal of Agriculture and Food Chemistry*, 45, 1523-1540.

91. Galati, E.M., Mondello, M.R., Giuffrida, D., Dugo, G., Miceli, N., Pergolizzi, S. & Taviano, M.F. (2003). Chemical characterization and biological effects of Sicilian Opuntia *ficus-indica* (L.) fruit juice; antioxidant and anti-ulcerogenic activity. *Journal of Agriculture and Food Chemistry*, 51, 4903-4908.

92. Gansané, A. (2002). Etude de l'efficacité therapeutique de l'association Chloroquine-Artésunate dans le traitement du Paludisme simple à Plasmodium falciparum dans la localité de Fada N'Gourma.

93. Gentilini M., (1990). Le paludisme dans Médecine Tropicale. Paris, Flammarion, 91-122.

94. Gerhenzon, J. & Mabry, T.J. (1983). Secondary metabolites and the higher classification of angiosperm. *Nordish Journal of Botany*, 3, 5-34.

95. Ginsburg, H., Landau, Y. & Baccan, D., (1998). Effect of Cholesterol-rich diet on the susceptibility of rodent malarial parasites to Chloroquine chemotherapy. *Life science*, 42, 7-10.

96. Gomez-Cordova, G., Bartolomé, B., & Viradox, V.M. (2001). Effect of wine phenolics and sorghum tannin on tyrosinase activity and growth of melanona.cells. *Journal of Agriculture and Food Chemistry*, 49, 1620-1624.

97. Gordeuk, V.R., Thuma, P.E., Brittenham, G.M., Zulu, S., Simwanza, G., Mhangu, A., Flesch, G. & Pary, D. (1992). Iron chelation with desferrioxamine B in adult with asymptotic *Plasmodium falciparum* parasitemia. *Blood*, 79, 308-312.

98. Guha, M., Kumar, S., Choubey, V., Maity, P., & Bandyopadh, Y. (2000). Apoptosis inliver during malaria: role of oxidative stress and implication of mitochondrial pathway. The federation of American Societies for Experimental Biology (FASEB) journal, 20, 1224-1226.

99. Guernet, M. & Hamon, M. (1976). *Abregé de Chimie analytique, tome 1; Chimie des solutions*. Masson, Paris. p. 26.

100. Guiguemdé, A. (2000). *Etudes d'activités antiplasmodiales d'extraits de Cochlospermum tinctorum A. rich (Cochlospermaceae) sur des souris NMRI*. Thèse de Doctorat de Pharmacie, FSS. Université de Ouagadougou.

101. Halliwell, B. & Gutteridge, J.M.C. (1990). Role of Free radicals and catalytic metal ions in human disease: an overview. *Methods in enzymology*, 186, 1-85.

102. Hamazu, Y., Yasui, H., Inno, T., Kume, C. & Omanyuda, M. (2005). Phenolic profile, antioxidant properties and anti-*influenza* viral activity of Chinese quine (*Pseudocydonia sinensis* Schneid.), quince (*Cydonia oblonga* Mill.) and Apple (*Malus domestica* Mill.) fruits. *Journal of Agriculture and Food Chemistry*, 53 (4), 928-934.

103. Han, D., Kim, S.J, Kim S.H. & Kim, D.M. (1998). Repeated regeneration of degraded red beet juice pigments in the presence of antioxidants. *Journal of Food Science*, 63 (1), 69-72.

104. Hansen, K., Nyman, U., Smith, W., Andersen, A., Gudksen, L., Rajasekaran, S., Pushpangadan, P. (1995). *In vitro* screening of traditional medicines for anti-hypertensive effect based on inhibition of the angiotensin-converting enzyme (ACE). *Journal of Ethnopharmacology*, 48, 43-51.

106. Harouna, F., Fawel, A., Delmas, F., Elias, R., Saadou, M. & Balansard, G. (1993). screening of some plants used in traditional medicine in Niger for antiparasitic and antifugal activities medicines. *European colloquium on ethnopharmacology (Germany)*, 24-27.

107. Heinonen, M.I., Meyer, A.S. & Frankel, E.N. (1998). Antioxidant activity of berry phenolics on human low-density lipoproteins and liposome oxidation. *Journal of Agriculture and Food Chemistry*, 46, 4107-4112.

108. Heuer, S., Wray, V., Metzger, J.W. & Strack, D. (1992). Betacyanins from Flowers of *Gomphrena-Globosa. Phytochemistry*, 31(5), 1801-1807.

109. Heuer, S., Richter, S., Metzger, J.W., Wray, V., Nimtz, M. & Strack, D. (1994). Betacyanins from bracts of *Bougainvillea glabra. Phytochemistry*, 37 (3), 761-7.

110. Hill, R.M. & Rawate, P.D. (1982). Evaluation of food potential, some toxicological aspect, and preparation of a protein isolate from aerial parts of *Amaranth* (pigweed). *Journal of Agriculture and Food Chemistry*, 30, 459-469.

111. Hilou, A. (1997). *Etude de quelques colorants biologiques des plantes du Burkina faso: Cas des bétalaïnes de Amaranthus spinosus et de Boerhaavia erecta*. DEA de Biochimie. FAST, Université de Ouagadougou, Burkina Faso. 63 p.

112. Hiruma-Lima, C.A., Gracioso, J.S., Bighetti, E.J.B., Robineau, L.G. & Souza-Brito, A.R.M. (2000). The juice of fresh leaves of *Boerhaavia diffusa* L. (Nyctagynaceae) markedly reduces pain in mice *Journal of Ethnopharmacology*, 71, 267-274.

113. Hodge, H.C. & Sterner, J.H. (1943). *Determination of substance acuter toxicity by DL$_{50}$*. American Industrial Hygiene Association.

114. Houghton, P.J. (1993). *In vitro* testing of some west African and Indian plants used to treat snakebites. *Actes du 2e Collogue européen d'ethnopharmacologie et la 11e Conférence internationale d'ethnomédecine*, Heidelberg, Allemagne. p. 40.

115. Huang, A.S. & Von Elbe, J.H. (1985). Kinetics of the degradation and regeneration of betanine. *Journal of Food Science*, 50; 1115-1120.

116. Huang, A.S., Von Elbe, J.H. (1986). Stability Comparison of two Betacyanine Pigments - Amaranthine and Betanine. *Journal of Food Science*; 51(3), 670-674.

117. Huang, A.S. & Von Elbe, J.H. (1987). Effect of pH on the degradation and regeneration of betanine. *Journal of Food Science*, 52 (6), 1689-1693.

118. Im, J-S., Parkin, K.L. & Von Elbe J.H. (1990). Endogenous polyphenoloxidase activity associated with the black ring defect in canned beet (*Beta vulgaris* L.) root slices. *Journal of Food Science*, 55 (4), 1042-1045.

119. Impellizzeri, G., Piattelli, M. & Sciuto, S. (1973). A new betaxanthin from *Glottiphyllum longum. Phytochemistry*, 12, 2293-2294.

120. INSD. (2003). *Enquête démographique et des conditions de vie des ménages*. Institut National de la Statistique et de la Démographie. Ouaga, Burkina Faso.

121. Irvine, F.R., (1948). Indigenous food plants of West Africa. *Journal of New York Botanist and Gardens, 49*, 225-267.

122. Izumo, A. & Tanabe, K. (1986). Inhibition of the in vitro growth of *Plasmodium falciparum* by a brief exposure to the cationic rhodamine dyes. *American tropical Medicine and Parasitology*, 80, 299-305.

123. Jayaprakasam, B., Zhang, Y. & Nair, M.G. (2004).Tumour cell proliferation and cyclooxygenase enzyme inhibitor compound in *Amaranthus tricolor. Journal of Agriculture and Food Chemistry*, 52, 6939-6943.

124. Jin-Shu. (1979). *Medical College Encyclopedia of Chinese Traditional Medicine*. Science and Technology Publication House, Shanghai, China,. Pp.23-40.

125. Justesen, U.,(2001). Collision-induced fragmentation of deprotonated methoxylated flavonoids, obtained by electrospray ionization mass spectrometry. *Journal of Mass Spectrometry*, 36, 169-178.

126. Kadota, S., Lami, N., Tezuka, Y. & Kikuchi, T. 1990). Constituents of the roots of *Boerhaavia diffusa* L. II. Structure and stereochemistry of a new rotenoid, Boeravinone b, C. *Chemicals and Pharmaceuticals Bulletin,* 38 (6), 1558-1562.

127. Kahkonen, M.P., Hopia, A.I., Vuorela, H.J., Rauha, J.P., Pihlaja, K., Kujala, T.S. & Heinonen, M.I. (1999). Antioxidant activity of plant extracts containing phenolic compounds. *Journal of Agriculture and Food Chemistry*, 47, 3954-3962.

128. Kahkonen, M.P. & Heinonen, M. (2003). Antioxidant activity of anthocyanins and their aglycons. *Journal of Agriculture and Food Chemistry*, 51, 628-633.

129. Kanner, J., Harel, S. & Granit, R. (1996). Pharmaceutical composition containing antioxidant betalains and a method for their preparation. *Israelian. Patent 119872.*

130. Kanner, J., Harel, S. & Granit R. (2001). Betalains-a new class of dietary cationized antioxidants. *Journal of Agriculture and Food Chemistry*, 49 (11), 5178-85.

131. Kapadia, G., Balasubramanian, V., Tokuda, H., Iwashima, A. & Nishino, H. (1995). Inhibition of 12-O tetradecanoylphorbol-13-acetate induced Epstein-Barr virus early antigen activation by natural colorant. *Cancer Letters,* 95, 81-83.

132. Kapadia, G.J., Tokuda, H., Konoshima, T. & Nishino, H. (1996). Chemoprevention of lung and skin cancer by *Beta vulgaris* (beet) root extract. *Cancer Letters*, 100 (1-2), 211-214.

133. Kapadia, G.J., Balasubramanian, V., Tokuda, H., Iwashima, A. & Nishino, H. (1997). Inhibition of 12-O-tetradecanoylphorbol-13-acetate induced Epstein-Barr virus early antigen activation by natural colorants. *Cancer Letters*, 115 (2), 173-178.

134. Kapadia, G.J., Tokuda, H., Sridhar, R., Balasubramanian, V., Takayasu, J. & Bu, P. (1998). Cancer chemopreventive activity of synthetic colorants used in foods, pharmaceuticals and cosmetic preparations. *Cancer Letters*, 129(1), 87-95.

135. Kapadia, G.J., Azuine, M.A., Sridhar, R., Okuda, Y., Tsuruta, A. & Ichishi, E. (2003). Chemoprevention of DMBA-induced UV-B promoted, NOR-1-induced TPA promoted skin carcinogenesis, and DEN-induced Phenobarbital promoted liver tumours in mice by extract of beetroot. *Pharmacological Research*, 47 (2), 141-148.

136. Katharina, S.K., Singh, S.P., Kulshreshtha, V.K., (1992). A clinical assessment of Ibuprofen and new herbal compound in oral surgical procedure. *Indian International Pharmacology*, 24 (1), 29-31.

137. Kerharo, J. & Adam, J.G. (1974). *La pharmacopée sénégalaise traditionnelle. Plantes medicinales et toxiques.* Ed. Vigot Frères, Paris. P 220 et 234

138. Kobayashi, N., Schmidt, J., Wray, V. & Schliemann, W. (2001). Formation and occurrence of dopamine-derived betacyanins. *Phytochemistry*, 56 (5), 429-346.

139. Kohen, R., Kahunda, A. & Rubinstein, A. (1992). The role of Cationized catalase and cationized glucose oxidase in mucosa damage induced in the rat jejunum. *Journal of Biological Chemistry*, 267, 21349-21354.

140. König-Bersin, P., Waser, P.G., Langemann, H. & Lichtensteiger, W. (1970). Monoamines in the brain under the influence of muscimol and ibotenic acid, two psychoactive principles of *Amanita muscaria. Psychopharmacologia,* 142 (1), 1-10.

141. Krantz, C., Monier, M. & Wahlstrom, B. (1980). Absorption, excretion, metabolism and cardiovascular effects of beetroot extract in the rat. *Food and Cosmetics Toxicology*, 18 (4), 363-366.

142. Krogsgaard-Larsen, P., Brehm, L. & Schaumburg, K. (1981). Muscimol, a psychoactive constituent of Amanita muscaria, as a medicinal chemical model structure. *Acta Chemica Scandinavia,* [B], 35-37.

143. Kubo, I., Fujita, K.-I. & Nihei, A. (2004). Antibacterial activity of alkylgallates against *Bacillus subtilis. Journal of Agriculture and Food Chemistry*, 52 (6), 1072-1076.

144. Kujala, T.S., Loponen, J.M., Klika, K.D. & Pihlaja, K. (2000). Phenolics and betacyanins in red beetroot (*Beta vulgaris*) root: distribution and effect of cold storage on the content of total phenolics and three individual compounds. *Journal of Agricultural and Food Chemistry*, 48 (11), 5338-42.

145. Kujala, T., Loponen, J. &, Pihlaja, K. (2001). Betalains and phenolics in red beetroot (Beta vulgaris) peel extracts: extraction and characterisation. *Zeitschrift fur Lebensmittel Untersuchung und forschung*,56 (5-6), 343-348.

146. Kujala, T.S., Vienola, M.S., Klika, K.D., Loponen, J.M. & Pihlaja, K. (2002). Betalain and phenolic compositions of four beetroot (Beta vulgaris) cultivars. *European Food Research and Technology*, 214 (6), 505-510.

147. Kuklin, A. I. & Conger, B.V. (1995). Catecholamines in plants. *Journal of Plant Growth Regulation*, 114, 91-97.

148. Kumar, S., Bagchi, G.D. & Darokar, M.P. (1997). Antibacterial activity observed in the seed of some coprophilous plants. *International Journal of Pharmacognosia*, 35 (3), 175-184.

149. Kumar, K.C.S. & Muller, K. (1999). Medicinal plants from Nepal; II-Evaluation as inhibitor of lipid peroxidation in biological membranes. *Journal of Ethnopharmacology*, 64, 135-139.

150. Kuramoto, Y., Yamada, K., Tsuruta, O. & Sugano, M. (1996). Effect of natural food colorings on immunoglobin production in vitro by rat spleen lymphocytes. *Biosciences, Biotechnology, Biochemistry*, 60, 1712-1713.

151. Kyle, D. E., Oduala, A., M.J., Martin, S.K. & Milhous, W.K. (1990). *Plasmodium falciparum*: modulation by calcium antagonists of resistance to chloroquine, desmethylchloroquine, quinine and quinidine in vitro. *Transactions of the Royal Society of tropical Medicine and Hygiene*, 84, 474-478.

152. Laight, D.W., Carrier, M.J., & Anggard, E.E. (2000). Antioxidants, diabetes and endothelial function. *Cardiovascular researches*, 47, 457-464.

153. Lami, N.S., Kadota, T. & Kikuchi, Y. (1991a). Constituents of the roots of *Boerhaavia diffusa* L. III. Identification of Ca^{2+} channel antagonistic compound from the methanol extract. *Chemicals and Pharmaceuticals Bulletin*, 39 (6), 1551-1555.

154. Lami, N., S., Kadota, T. & Kikuchi, Y. (1991b). Constituents of the roots of *Boerhaavia diffusa* L. IV. Isolation and structure determination of Boeravinone D, E and F. *Chemicals and Pharmaceuticals Bulletin*, 39(7), 1863-1865.

155. Landau, I. & Boulard, Y. (1978). *Life cycles and morphology of rodent malaria.* Academic press, New York, pp.53-84.

156. Lee, D.W. & Collins, T.M. (2001). Phylogenetic and ontogenetic influence on the distribution of anthocyanins and betacyanins in leaves of tropical plants. *International Journal of Plant Science*, 162, 1141-1153.

157. Liebisch, H.W., Bohm, H. (1981). Studies on the Physiology of Betalain Formation in Cell-Cultures from *Portulaca-Grandiflora*. *Pharmazie*, 36(3), 218-218.

158. Lytton, S.D., Mesker, B., Libman, J., Shanzer, A., Cabantchi,k Z.I. (1994). Mode of action of iron (III) chelators as antimalarial II: evidence for differential effects on parasite iron- dependent nucleic acid synthesis. *Blood*, 84, 910-915.

159. Ma, Q. & Kinner, K. (2002). Chemoprevention by phenolic antioxidants. *Journal of Biological Chemistry*, 277, 2477-2484.

160. Mabry, T.J. (1980). *Betalains*. Dans *Encyclopedia of plant physiology, 8, Secondary plant products*. Bell, E.A. & Charlwood, B.V (Eds.). Springer, Berlin-Heidelberg-New York. pp. 513-53.

161. Mabry, T.J. (2001). Selected topics from forty years of natural products research: betalains to flavonoids, antiviral proteins, and neurotoxic nonprotein amino acids. *Journal of Natural Products*, 64 (12), 1596-604.

162. Mandal, M. & Mukerjee, S. (2001). A study on the activity of a few free radical scavenging enzymes present in five roadside plants. *Journal of Environmental biology*, 22 (4), 301-305.

163. Martinez-Parra, J. & Munoz, R. (2001). Characterization of betacyanin oxidation catalyzed by a peroxidase from Beta vulgaris L. roots. *Journal of Agricultural and Food Chemistry;* 49 (8), 4064-4068.

164. Matsuo, T., Oka, K. & Itoo, S. (1988). The Effects of Various Chemicals on Betacyanin Leakage in Red Beet Disks Exposed to Tert-Butylhydroperoxide. *Journal of the Japanese Society for Horticultural Science*; 57(1), 116-121.

165. Mazza, G., Kay, C.D., Cettrell, T. & Holub, J. (2002). Absorption of anthocyanins from blueberries and serum antioxidant status in human subjects. *Journal of Agriculture and Food Chemistry*, 50, 7731-7737.

166. Middleton, E., Kandaswami, C., & Theoharides, T.C. (2000). The effects of plant flavonoids on mammalian cells: implications for inflammation, heart disease and cancer. *Pharmacology Revue*, 52, 673-751.

167. Miean, K.H. & Mohamed, S. (2001). Flavonoid (myricetin, quercetin, kaempferol, luteolin, and apigenin) content of edible tropical plants. *Journal of Agriculture and Food Chemistry*, 49, 3106-3112.

168. Miliaukas, G.K., Venskutonis, P.R. & Van Beek, T.A. (2004). Screening of radical scavenging activity of some medicinal and aromatic plant extracts. *Food chemistry*, 85, 231-237.

169. Millogo-Rasolodimby, J. (2003). *Systématique des Angiospermes. Cours C4 Biochimie-Substances Naturelles*. UFR/SVT, Université de Ouagadougou.

170. Minale, L., Piattelli, M. & Nicolaus, R.A. (1965). Decarbossilazione termica die betacianin e delle betaxantine. *Rend. Acad. Sci. Fis Mat.*, 32, 165-172.

171. Mirales, J., Noba, K., Ba, A.T., Gaydou, E.M. & Korn-probst, J.M. (1998). Chemotaxonomy in Nyctagynaceae family: Sterols and fatty acids from the leaves of three Boerhaavia species. *Biochemistry and Systematics Ecology*, 16, 475-478.

172. Mishra, A..N., Tiwari, H.P., Molina, L., Studenberg, S., Wolberg, G., Kazmierski, W., Wilson, J. & Tadepalli, A., (1971). Nyctagynaceae: constituents of roots of *Boerhaavia diffusa*. *Phytochemistry*, 10, 3318-3319.

173. Mueller, L.A., Hinz, U., Uze, M., Sautter, C. & Zryd, J.P. (1997). Biochemical complementation of the betalain biosynthetic pathway in *Portulaca grandiflora* by a fungal 3,4-dihydroxyphenylalanine dioxygenase. *Planta*, 203(2), 260-263.

174. Mueller, L.A., Hinz, U. & Zryd, J.P. (1996). Characterization of a tyrosinase from Amanita muscaria involved in betalain biosynthesis. *Phytochemistry,* 42(6), 1511-1515.

175. Mugantiwar, A.A., Nair, A.M., Shinde, U.A., Dikshit, V.J., Saraf, M.N., Thakur, V.S. & Sainis, K.B.(1999). Studies on, the immunomodulatory effects of *Boerhaavia diffusa* alkaloidal fraction. *Journal of Ethnopharmacology*, 65, 125-131.

176. Na, Mee, K., Jong, K., Hae, J.C. & Jae, S.C. (2000). Isolation of luteolin 7-O-rutinoside and esculetin with potential antioxidant activity from the aerial parts of *Artemisia montana*. *Archives of pharmaceutical researches*, 23 (3), 237-239.

177. Nacoulma-Ouédraogo, O.G., (1996). *Plantes médicinales et pratiques medicales traditionnelles au Burkina Faso: cas du Plateau central* Tomes I & 2. Thèse de Doctorat d'Etat ès sciences Naturelles. Université de Ouagadougou. p 1-90

178. Nacoulma, O., Millogo-Rasolodimby, J. & Guinko, S. (1998). Les plantes herbacées dans la thérapie des piqûres d'insectes. *Revue de Médecine et Pharmacopée africaines*, 11-12, 165-175.

179. Neto, A.G., Da Silva-Filho, A.A., Costa, J.M.L.C., Vinholis, A.H.C., Souza, G.H.B., Cunha ,W.R., Silva, M.L.A.E., Albuquerque, S. & Bastos, J.K., (2004). Evaluation of the trypanocidal and leishmanicidal *in vitro* activity of the crude hydroalcoholic extract of *Pfaffia glomerata* (Amaranthaceae) roots. *Phytomedicine, 11* (7-8), 662-665.

180. Nilsson, T. (1970). Studies into the pigments in beet root. *Lantbrukshogskolans annaler*, 36, 179-219.

181. Nurmi, K., Ossipov, V. Haukoija, E. & Pihlaja, K. (1996). Variation of total phenolics content and individual low-molecular-weight phenolics in foliage of mountain birch tree (*Betula pubescens* sp. *Tortuosa*). *Journal of Chemical. Ecology*, 22, 2023-2040.

182. Olufemi, B.E., Assiak, I.E., Ayoade, G.O. & Onigemo, M.A. (2003). Studies on the effects of *Amaranthus spinosus* leaf extract on the haematology of growing pigs. *African Journal of Biomedical researches*, 6, 159-150.

183. OMS. (2000). Rapport sur les maladies infectieuses, obstacles au développement sanitaire Organisation mondiale de la santé, Genève.

184. ONUSIDA. (2004). 4 ème Rapport sur l'épidémie mondiale de SIDA. Organisation des Nations Unis de lutte contre le SIDA, Genève.

185. Ouédraogo, A. (1998) Etude in vitro de l'activité antiplasmodique de l'extrait hydroalcoolique de *Gardenia sokotensis* Hutch. (Rubiaceae) chez la souris NMRI infestée par *Plasmodium bergheii*.Thèse de Doctorat de pharmacie, FSS, Université de Ouagadougou.75 p

186. Oven, M., Grill, E., Golan-Goldhirsh, A., Kutchan, T.M. & Zenk, M.H. (2002). Increase of free cysteine and citric acid in plant cells exposed to cobalt ions. *Phytochemistry*, 60, 467-474.

187. Pari, L. & Satheesh, M.A. (2004). Antidiabetic activities of *Boerhaavia diffusa* L. effect on hepatic key enzymes in experimental diabetes. *Journal of Ethnopharmacology,* 91 (1), 109-113.

188. Pasch, J.H., Von Elbe, J.H. & Sell, R. J. (1974). Betalaines as Colorants in Dairy- products. *Journal of Milk and Food Technology*; 37(10), 531-531.

189. Pasch, J.H. & Von Elbe, J.H. (1979). Betanine stability in buffered solutions containing organic acids, metal cations, antioxidants or sequestrants. *Journal of Food Science,* 44 (1), 72-73.

190. Patkai, G., Barta, J. & Varsanyi, I., (1997). Decomposition of anti-carcinogen factors of the beetroot during juice and nectar production. *Cancer Letters*, 114, 105-106.

191. Pavlov, A., Kovatcheva, P., Georgiev, V. & Koleva, I. (2001). Biosynthesis and radical scavenging activity of betalains during the cultivation of red beet (*Beta vulgaris*) hairy root cultures. *Zeitschrift für Naturforschung*, 57c, 640-644.

192. Pawlkowska-Pawlega, B., Gruszecki, W.I., Misiak, L.E. & Gawron, A. (2003). The study of the quercetin action on human erythrocyte membranes. *Biochemical Pharmacology*, 66, 605- 612.

193. Pedreno, M.A. & Escribano, J. (2000). studying the oxidation and the antiradical activity of betalain from beetroot. *Journal of Biological Education*; 35 (1), 49-51.

194. Peters, W. & Robinson, B.L. (1992). The chemotherapy of rodent malaria XLVII: studies on pyronaridine and other Mannich base antimalarials. *Annuals of Tropical Medicine and Parasitology*, 86, 455-465.

195. Piattelli, M. & Minale, L. (1964a). Pigments of Centrospermae 1. Betacyanins from *Phyllocactus-Hybridus* Hort and *Opuntia-Ficus-Indica* Mill. *Phytochemistry*, 3 (2), 307-311.

196. Piattelli, M. & Minale, L. (1964b). Pigments of Centrospermae .2. Distribution of Betacyanins. *Phytochemistry*, 3(5), 547-557.

197. Piattelli, M., Minale, L. & Prota, G. (1964c). Isolation Structure and Absolute Configuration of Indicaxanthin. *Tetrahedron*, 20 (10), 2325-2327.

198. Piattelli, M., Minale, L. & Nicolaus, R.A. (1965a). Pigments of centrospermae-V. Betaxanthins from *Mirabilis jalapa* L. *Phytochemistry*, 4, 817-823.

199. Piattelli, M., Minale, L. & Prota, G. (1965b). Pigments of centrospermae-III. Betaxanthins from *Beta vulgaris* L. *Phytochemistry*, 4, 121-125.

200. Piattelli, M., Giudici, De Nicola, M. & Castrogiovanni, V. (1969a). Photocontrol of amaranthin synthesis in *amaranthus tricolor*. *Phytochemistry*, 8(4), 731-736.

201. Piattelli, M. & Imperato, F. (1969b). Betacyanins of Family Cactaceae. *Phytochemistry*, 8(8), 1503-1506.

202. Piattelli, M. & Imperato, F. (1970). Pigments of Centrospermae 13. Pigments of *Bougainvillea glabra*. *Phytochemistry*, 9(12), 2557-2559.

203. Piattelli, M. (1976). Betalains. Dans *Chemistry and biochemistry of plant pigments*, 2nd ed. Academic press, London. pp 560-596.

204. Piattelli, M. (1981). Secondary plant products Dans The biochemistry of plants (7), Conn, E.E. (ed.). Academic Press, London. pp. 557-575.

205. Piattelli, M. (1984). *The Betalains: structure, biosynthesis, and chemical taxonomy*. Dans *The biochemistry of plant secondary products*. Com, E.E. (Ed.). Academic Press, New York. pp. 557-573.

206. Pino, P., Voulkdouskis, I., Dugas, N., Nitcheu, J., Traoré B., Danis, M. Dugas, B., & Mazier, D. (2004) Induction of the CD23/Nitric oxide patway in endothelial cell downregulate ICAM-1 expression and decrease cytoadherance of *Plasmodium falciparum*-infected erythrocytes. Cell Microbiology, 6 (9), 839-848.

207. PNLP. (2005). Directives nationales pour la prise en charge du paludisme au Burkina Faso. Programme National de lutte contre le paludisme, Ouagadougou.

208. Pradines, B., Vial, H. & Olliaro, P. (2003). Prophylaxie et traitement du Paludisme: Problèmes récents, développements et perspectives. *Médecines tropicales*, 63, 69-98.

209. Rajout, K.S. & Rao, K.S. (1998). Cambial anatomy and absence of rays in the stem of *Boerhaavia* species (Nyctagynaceae). *Annales Botanici Fennici*, 35 (2), 131-135.

210. Rasoanaivo, P., Ratsimananga-Urveg, S., Rafatro, H., Ramani-Trahasimbola, D. & Frappier, F. (2001). *Strychnos* de Madagascar: De la connaissance traditionnelle au phyto-médicament. Revue *Médecine et Pharmacopée africaines*, 1, 15-23.

211. Rawat, A.K.S., Mehrotra, S., Tripathi, S.G. & Shome, U. (1997). Hepatoprotective activity of *Boerhaavia diffusa* L. roots, a popular Indian ethnomedicine *Journal of Ethnopharmacology*, 56, 61-66.

212. Razakantoanina, V. & Phung, N.K.P. (2000). Antimalarial activity of new gossypol derivatives. *Parasitology Researches*, 86, 665-668.

213. Read, J.A., Wilkinson, K.W., Tranter, R., Sessions, R.B. & Brady, R.L. (1999). Chloroquine binds in the cofactor-binding site of *Plasmodium falciparum* lactate Dehydrogenase. *Journal of biological Chemistry*, 274 (15), 10213-10218.

214. Reynoso, R., Garcia, F.A., Morales, D. & De Mejia, E.G. (1997). Stability of betalain pigments from a cactacea fruit. *Journal of Agricultural and Food Chemistry*, 45(8), 2884-2889.

215. Reynoso, R.C., Giner, T.V. & De Mejia, E.G. (1999). Safety of a filtrate of fermented garambullo fruit: biotransformation and toxicity studies. *Food and Chemical Toxicology,* 37 (8), 825-30.

216. Reznik, H. (1980). *Betalains.* Dans *Pigments in plants, 2.* Czygan, F.-C., (ed.) . Gustav-Fischer, Stuttgart, pp. 370-392.

217. Rice-Evans, C.A., Miller, N.J., & Paganga, G. (1997). Antioxidant properties of phenolics compounds. *Trends Plant Science,* 2, 152-159.

218. Rival, S.G., Boeriu, G. & Wickers, H.J. (2001). Caseins and caseins hydrolysates, 2 Antioxidative properties and relenance to lipooxygenase inhibition. *Journal of Agriculture and Food Chemistry*, 49 (1), 295-302.

219. Roberts, M.J. & Strack, D. (1990). *Alkaloids, amins and betalains* Dans *The role of plant secondary metabolites and their utilisation in biotechnology, Annual plant Reviews of Biochemistry, Fonction and application of plant natural products, Physiology & Biochemistry of secondary metabolism.* Wink, M. (ed.). Academic Press, Sheffield, UK.

220. Saguy, I. (1979). Thermostability of red beet pigments (betanine and vulgaxanthine I): influence of pH and temperature. *Journal of Food science*, 44, 154-158.

221. Salvador, M.J., Ferreira, E.O., Pral, E.M.F., Alfieri, S.C., Albuquerque, S., Ito, I.Y. & Dias, D.A. (2002). Bioactivity of crude extracts and some constituents of *Blutaparon portulacoides* (*Amaranthaceae*). *Phytomedicine, 9* (6), 566-571.

222. Samy, R.P., Ignacimuthus, S. & Raja D.P. (1999). Preliminary screening of ethnomedicinal plants from India . *Journal of Ethnopharmacology*, 66, 235-240.

223. Sapers, G.M. & Hornstein, J.S. (1979). Varietal differences in colorant properties and stability of red beet pigments. *Journal of Food Science*, 44, 1245-1248.

224. Sarma, A. D. & Sharma, R. (1999). Anthocyanin-DNA copigmentation complex: mutual protection against oxidative damage. *Phytochemistry*, 52, 1313-1318.

225. Schieber, A., Keller, P., Streker, P., Klaiber, I. & Carle R. (2002). Detection of isorhamnetin glycosides in extracts of apples (*Malus domestica* cv. "Brettacher") by HPLC-PDA and HPLC-APCI-MS/MS. *Phytochemicals Analysis*, 13, 87-94.

226. Schieber, A., Berardini, N. & Carle, R. (2003). Identification of flavonol and xanthones glycosides form mango (*Mangifera indica* L. cv. "Thommy Atkins") peels by high-performance liquid chromatography-electrospray ionization mass spectrometry. *Journal of Agriculture and Food Chemistry*, 51, 5006-5001.

227. Schliemann, W., Joy, R.W., Komamine, A., Metzger, J.W., Nimtz, M. & Wray, V. (1996). Betacyanins from plants and cell cultures of *Phytolacca americana*. *Phytochemistry*, 42 (4), 1039-46.

228. Schliemann, W. & Strack, D. (1998). Intramolecular stabilization of acylated betacyanins. *Phytochemistry*, 49(2), 585-588.

229. Schliemann, W., Kobayashi, N. & Strack, D. (1999). The decisive step in bétaxanthine biosynthesis is a spontaneous reaction. *Plant Physiology*, 119(4), 1217-1232.

230. Schliemann, W., Cai, Y., Degenkolb, T., Schmidt, J. & Corke, H. (2001). Betalains of *Celosia argentea*. *Phytochemistry*, 58 (1), 159-65.

231. Schonherr, J. & Schreiber, L. (2004). Interaction of calcium with weakly acidic active ingredients slow cuticular penetration. A case study with glyphosate. *Journal of Agriculture and Food Chemistry*, 52, 6546-6551.

232. Schulz, H. (1996). Methods of colour measurements of vegetable raw materials. *Deutsche Lebensmittel-Rundschau*, 92 (8), 242-246.

233. Schwartz, S.J. & Von Elbe, J.H. (1980). Quantitative-Determination of Individual betacyanin Pigments by High-Performance Liquid-Chromatography. *Journal of Agricultural and Food Chemistry*, 28(3), 540-543.

234. Schwartz, S.J., Hildenbrand, B.E. & Von Elbe, J.H. (1981). Comparison of Spectrophotometric and HPLC Methods to Quantify Betacyanins. *Journal of Food Science*, 46 (1), 296-297.

235. Schwartz, S.J., Von Elbe, J.H. (1983). Identification of betanin degradation products. *Zeitschrift fur Lebensmittel Untersuchung und forschung*, 176 (6), 448-53.

236. Sciuto, S., Oriente, G., Piattelli, M., Impellizzeri, G. & Amico, V. (1974). Pigments of Centrospermae 19. Biosynthesis of Amaranthin in *Celosia*-Plumosa. *Phytochemistry*, 13 (6), 947-951.

237. Seeger, P.G. (1967). The anthocyans of B*eta vulgaris* var. rubra (red beets), *Vaccinium myrtillis* (whortleberries), *Vinum rubrum* (red wine) and their significance as cell respiratory activators for cancer prophylaxis and cancer therapy]. *Arztliche Forschung*; 21(2), 68-78.

238. Sena, L.P., Vanderjagt, D.J., Rivera, C., Tsin, A.T.C., Muhamadu, I., Mahamadou, O., Millson, M., Paatsusyn A. & Glew, R.H. (1998). Analysis of nutritional components of eight famine food the Republic of Niger. *Plant food Human nutrition*, 52, 17-30.

239. Sheu, J.R., Hsiao, G., Chou, P.-H., Shen, M.-Y. & Chou, D.S. (2004). Mechanism involved in the antiplatelet activity of rutin, a glycoside of the flavonol quercetin, in human platelet. *Journal of Agriculture and Food Chemistry*, 52 (14), 4414-4418.

240. SHih, C.C. & Wiley, R.C. (1982). Betacyanine and betaxanthine Decolorizing Enzymes in the beet (*Beta-Vulgaris* L) Root. *Journal of Food Science*, 47(1), 164-165.

241. Siegel, S.M. & Daly, O. (1966). Regulation of Betacyanin Efflux from beet Root by Poly-L-Lysine Ca-Ion and Other Substances. *Plant Physiology*, 41 (9), 1429-1431.

242. Sing, O.S &, Chabra, N. (1976). Biosynthesis of Flavonoids: Betacyanin synthesis in Cock's comp (*Celosia argentea var. cristata*) as affected by sugar and adrenaline. *Indian Journal of Experimental Biology*, 14, 209-211.

243. Slater, A.F.G., Swiggaard, W.J., Orton, B.R., Flitter, W.D., Goldberg, D.E., Cerami, A. & Henderson, G.B. (1991). An iron–carboxylate bond links the heme units of malaria pigment. *Proceedings of National Academia of Sciences*, 88, 325-329.

244. Smith, G.C., Clegg, M.S., Keen, C.L. & Grivetti, L.E. (1996). Mineral values of selected plant food common to southern Burkina Faso and to Niamey, Niger, West Africa. *International Food Science and Nutrition*, 47 (1), 41-53.

245. Smith, T.A. (1980). *Plant Amines*. Dans S*econdary plant products, Encyclopedia of plant physiology*. Bell, E.A. & Charlwood, B.V. (eds). New series, 8, Springer Verlag, Berlin., 433-460.

246. Sombié I. (1994). Etude des connaissances et pratiques des tradipraticiens en matière de Paludisme dans les villes de Ouagadougou et de Bobo-Dioulasso. Thèse d'état de Médecine, FSS, Université de Ouagadougou.

247. Some, D. (2006). Evolution de la sensibilité des bactéries aux antibiotiques : Analyse critique des antibiogrammes réalisés de 1998 à 2002 au centre Hospitalo-Universitaire Yalgado Ouédraogo (CHUNYO). Thèse de Doctorat de pharmacie, UFR/SDS, Université de Ouagadougou. 99p.

248. Sonika, M., Malhotra, S., Bansal, G. & Bhalla, R. (2005). Nutritional composition of Amaranth leaf powder supplemented commonly consumed preparations of Himachal pradesh. *Functional foods for cardiovascular diseases*, 1, 65-68.

249. Sood, P.P.I. (1980). Histoenzymological Compartmentation of Beta-Glucuronidase in the Germinating Pollen grains of Portulaca grandiflora. *Biologia Plantarum*, 22 (2), 124-127.

250. Sood, P.P. & Chauhan, Z.T. (1982). Histochemical-Studies of Alpha-Glucosidases and Beta- Glucosidases in the Germinating Pollen Grains of *Portulaca grandiflora*. *Biologia Plantarum*, 24 (6), 407-411.

251. Sosnova, V. (1970). Reproduction of sugar beet mosaic and tobacco virus in anthocyanized beet plants. *Biologia Plantarum*, 12, 424-427.

252. Srivastava, R., Shukla, Y.N. & Kumar, S. (1998). Chemistry, pharmacology and botany of *Boerhaavia diffusa*- a review. *Journal of Medicinal and Aromatic Plants science*, 20, 762-767.

253. Stafford, H.A. (1994). Anthocyanins and Betalains - Evolution of the Mutually Exclusive Pathways. *Plant Science*, 101 (2), 91-98.

254. Steglich, W. & Strack, D. (1990). *Betalains*. Dans *The Alkaloids. Chemistry and Pharmacology* 39. Brossi, A. (Ed.). Academic Press, London, pp. 1-62.

255. Steiner, U., Schliemann, W., Strack, D. (1996). Assay for tyrosine hydroxylation activity of tyrosinase from betalain-forming plants and cell cultures. *Analytical Biochemistry*, 238 (1), 72-75.

256. Stenkamp, V. (2003). Traditional herbal remedies by South African women for gynaecological complaints. *Journal of Ethnopharmacology*, 86, 97-108.

257. Stenlid, G. (1976). Physiological effects of betalains upon higher-plants. *Phytochemistry*, 15(5), 661-663.

258. Stintzing, F.C., Schieber, A. & Carle, R. (1999). Amino acid composition and betaxanthin formation in fruits from *Opuntia ficus-indica*. *Planta Medica*, 65(7), 632-635.

259. Stintzing, F.C., Schieber, A. & Carle, R. (2003). Evaluation of colour properties and chemical quality parameters of cactus juices. *European Food Researches and Technology*, 216, 303-311.

260. Stintzing, F.C., Carle, R. (2004). Functional properties of anthocyanins and betalains in plants, food, and in human nutrition. *Trends Food Science and Technology,* .15, 19-38.

261. Stintzing, F.C., Kammerer, D., Schieber, A., Hilou, A., Nacoulma, O. & Carle, R. (2004). Betacyanins and phenolic compounds from *Amaranthus spinosus* and *Boerhaavia erecta*. *Zeitschrifts für Naturforschung*, 59c, 1-8.

234

262. Stintzing, F.C., Herbach, K.M., Mosshammer, M.R., Carle, R., Yi, W., Sellapan, S., Ako, H.C.C., Bunch, R. & Felker, P. (2005). Color, Betalain pattern and antioxidant properties of cactus pear (*Opuntia Spp.*) clone. *Journal of Agriculture and Food Chemistry*, (2), 442-451.

263. Strack, D., Engel, U. & Wray, V. (1987). Neobetanin, a new natural plant constituent. *Phytochemistry,* 26, 2399-2400.

264. Strack, D. & Wray, V. (1994). *Recent advances in betalain analysis.* Dans *Caryophyllales: Evolution and systematics*; Behnke, H.D. & Mabry, T.J. (Eds). Springer-Verlag, Berlin. pp. 263-277.

265. Strack, D. (1997). *Phenolics metabolism.* Dans *plant Biochemistry*, Dey, P..M. & Harbone, J.B. (Eds). Academic Press, London, UK, pp. 387-416.

266. Stuart, M. (1979). *The Encyclopedia of Herbs And Herbalism.* Orbis (Ed.). London p 46

267. Swain, T. (1977). Secondary compounds as protective agents. Ann. Rev. Plant Physiol; 28: 479-501.

268. Taramelli, D., Monti, D., Basilico, N., Parapini, S., Omedeo-Sale, F. & Olliaro, P. (1999). A fine balance between oxidised and reduced haem controls the survival of intraerythrocytic plasmodia. *Parasitologia*, 41, 205-208.

269. Tesoriere, L., Butera, D., Pintaudi, A.M., Allegra, M. & Livrea, M.A. (2004). Supplementation with cactus pear (*Opuntia ficus indica*) fruits decreases oxidative stress in healthy humans: a comparative study with Vitamin C. *American Journal of Clinical. Nutrition*, 80, 391-395.

270. Tesoriere, L., Butera, D., Arpa, D., Di Gaudio, F., Allegra, M. & Gentile, C. (2005). Increased resistance to oxidation of betalain-enriched human low-density lipoproteins. *Free Radical Research*, 37 (6), 689-96.

271. Teutonico, R.A. & Knorr, D. (1985). Amaranth: composition, properties and applications of a rediscovered food crop. *Food Technology,* 39, 49-60.

272. Tiwari, A.K. (2004). Antioxidants: new generation therapeutic base for treatment of polygenic disorders. *Current Science*, 86 (8), 1092-1102.

273. Torreggiani, A., Tamba, M., Bonosa, A., Fini, G. (2002). Raman and IR study on copper binding of histamine. *Biopolymers (Biospectroscopy),* 72, 290-298.

274. Touitou, Y. (1997). *Pharmacologie, 8* ème édition. Masson, Paris. P 104

275. Touré Y.T., Oduola A., 2004. Malaria. *Nature Reviews Microbiology 2*: 276-277.

276. Trejo-Tapia, G., Jimenez-Aparicio, A., Rodriguez-Monroy, M., De Jesus-Sanchez, A. & Gutierrez-Lopez, G. (2001). Influence of cobalt and other microelements on the production of betalains and the growth of suspension cultures of Beta vulgaris. Plant Cell *Tissue and Organ Culture*, 67 (1): 19-23.

277. Trezzini, G.F. & Zryd, J.P. (1991). Characterization of Some Natural and Semi-Synthetic Betaxanthins. *Phytochemistry*, 30(6), 1901-1904.

278. Van Dunen, M.B. (1985). Activité antimicrobienne de *Boerhaavia diffusa* L. (Nyctagynaceae). *Pharmacopée et Médicine traditionnelle africaine*, 3, 23-25.

279. Verma, H. (1979). Antiviral activity of *Boerhaavia diffusa* root extract and physical properties of the virus inhibitor. *Canadian Journal of Botany*, 57, 926-932.

280. Veturi, R., Weir, T.L., Bais, H.P., Stermitz, F.R. & Vivango, J.M. (2004). Phytotoxic and antimicrobial activities of catechin derivatives. *Journal of Agriculture and Food Chemistry*, 52, 1077-1082.

281. Vial, H. (1996). Recent developments and rational towards new strategies for malaria chemotherapy. *Parasite*, 3, 3-23.

282. Vincent, K.R. & Scholz, R.G. (1978). Separation and quantification of red beet betacyanins and betaxanthins by high-performance liquid chromatography. *Journal of Agriculture and Food Chemistry*, 26 (4), 812-816.

283. Vinson, J.A., Su, X., Hao, Y., & Zubrikn, L. (1998). Phenol antioxidant quantity and quality in food: vegetables. *Journal of Agriculture and Food Chemistry*, 46, 3630-3634.

284. Vinson, J.A., Su, X., Zubrik, A. & Bose, P. (2001). Phenol antioxidant quantity and quality in food: fruits. *Journal of Agriculture and Food Chemistry*, 49, 5315- 5321.

285. Von Elbe, J.H., Sy, S.H., Gabelman, W.H. & Maing, I.Y. (1972). Quantitative Analysis of Betacyanins in Red Table Beets (*Beta-Vulgaris*). *Journal of Food Science;* 37(6), 932-937.

286. Von Elbe, J.H., Klement, J.T., Amundson, C.H., Cassens, R.G. & Lindsay, R.C. (1974). Evaluation of Betalain Pigments as Sausage Colorants. *Journal of Food Science*, 39, 128-132.

287. Von Elbe, J.H. (1975). Stability of Betalaines as Food Colors. *Food Technology*, 29 (5), 42-46.
288. Von Elbe, J.H. (1977). *The betalains*. Dans *Current aspects of food colorants*. Furia, T.E. (Ed.). Cleveland. pp. 29-39.

289. Von Elbe, J.H., Schwartz, S.J. & Hildenbrand B.E. (1981). Loss and Regeneration of Betacyanin Pigments During Processing of Red Beets. *Journal of Food Science;* 46 (6), 1713 1715.

290. Von Elbe, J.H. & Goldman, I.L. (2000). *The Betalains.* Dans *Natural food colorants.* Marcel, D. (ed.), New York. pp.11-30.

291. Walford, J. (1980). *Developments in food colors*-1. Applied sciences Publishers ltd (Ed.). London.

292. Warrior, P.K., Nambiar, V.P.K. & Ramankutty, C. (1994). *Indian Medicinal Plants* 1. Orient Longman Ltd (ed.). Hyderabad, India. pp. 265-267.

293. Wasserman, B.P. & Guilfoy, M.P. (1983). Peroxidative properties of bétanine decolorization by cell walls of red beet. *Phytochemistry*, 22 (12), 2653-2656.

294. Wasson, R.G. (1979). Traditional use in North America of Amanita muscaria for divinatory purposes. *Journal of Psychedelic Drugs,* 11, 11-13.

295. Watts, A.R., Lennard, M.S., Mason, S.L., Tucker, G.T. & Woods, H.F. (1993). Beeturia and the biological fate of beetroot pigments. *Pharmacogenetics*, 3 (6), 302-11.

296. Werndopher, W.H. & Payne, D. (1991). The dynamics of drug resistance in *Plasmodium falciparum. Pharmacology and Therapeutics,* 50, 95-121.

297. Wettasinghe, M., Bolling, B., Plhak, L., Xiao, H., Parkin, K. (2002). Phase II enzyme-inducing and antioxidant activities of beetroot (*Beta vulgaris* L.) extracts from phenotypes of different pigmentation. *Journal of Agricultural and Food Chemistry,* 50 (23), 6704-6709.

298. White, A., Handler, P. & Smith, E.L. (1964). *Principles of Biochemistry*, 3rd Ed. Mc Graw-Hill book Company. New York.p 165

299. Wilcox, M.E., Wyler, H. & Dreiding, A.S. (1965). Stereochemie von Betanidin und Isobetanidin .8. Zur Konstitution des Randenfarbstoffes Betanin. *Helvetica Chimica Acta*, 48(5), 1134-1139.

300. Wolfram, R.M., Budinsky, A., Efthimiou, Y., Stomatopoulos, J., Oguogho, A. & Sinzinger, H. (2003). Daily prickly pear consumption improves platelet function. *Prostaglandines, Leucotrienes, Essential. fatty acid,* 69, 61-66.

301. Wybraniec, S., Platzner, I., Geresh, S., Gottlieb, H.E., Haimberg, M., Wyler, H. & Dreiding, A.S. (1957). Kristallisiertes Betanin. *Helvetica Chimica Acta*, 40 (1), 191-192.

302. Wyler, H. & Dreiding, A. S. (1961). Uber Betacyane, die Stickstoffhaltigen Farbstoffe der Centrospermen Vorlaufige Mitteilung. *Experientia*, 17 (1), 23-29.

303. Wyler, H., Mabry, T.J. & Dreiding A.S. (1963). Uber die Konstitution des Randenfarbstoffes Betanin zur Struktur des Betanidins. *Helvetica Chimica Acta*, 46, 1745-1748.

304. Wyler, H. & Meuer, U. (1979). Biogenesis of Betacyanins , Experiments with Dopaxanthine-2-C-14. *Helvetica Chimica Acta*, 62 (4), 1330-1339.

305. Wyler, H. (1986). Neobetanin: a new natural plant constituent? *Phytochemistry*,25, 2238-2241.

306. Zakharova, N.S. & Petrova, T.A. (1997). Investigation of betalains and betalain oxidase of leaf beet. *Applied Biochemistry and Microbiology*, 33 (5), 481-484.

307. Zakharova, N.S. & Petrova, T.A. (1998). Relationships between the structure andantioxidant activity of certain betalains. *Applied Biochemistry and Microbiolog,* 34 (2), 182-185.

308. Zheng, W. & Wang, S.W. (2001). Antioxidant activity and phenolic compounds in selected herbs. *Journal of Agriculture and Food Chemistry*, 49, 5165-5170.

309. Zryd, J.P. & Christinet, L. (2003). *Betalains pigments. Annual Plant review,* 14, 185-213.

ANNEXES

Annexe I : Compléments de phytochimie

Mise en évidence des alcaloïdes

Dix grammes de poudre de plante broyée sont humectés par du Na_2CO_3 30% puis traités avec 20 ml d'un mélange éther-chloroforme dans les proportions 3-1 : le mélange est laissé à macérer pendant 24h. Le filtrat est ensuite traité avec 10 ml de HCl (20%). Cet extrait est traité par les réactifs de Mayer (Tétra iodomercurate II de potassium) et de Dragendorff (mélange de Carbonate basique de bismuth, d'iodure de sodium, et d'acide acétique glacial). La présence d'alcaloïdes se manifeste par un précipité blanc trouble pour le réactif de Mayer et une coloration rouge-jaune pour le réactif de Dragendorff.

Mise en évidence des flavonoïdes (le test de Shibata)

Dix grammes poudre de plante sont portés à ébullition dans 160 ml d'eau pendant 3 minutes. A 3 ml du filtrat, on ajoute 3 ml d'alcool chlorhydrique (HCl +ETOH+ H_2O : 1-1-1) et quelques tournures de magnésium et enfin 1 ml de méthyle-2-butanol. L'apparition d'une coloration rose orangée ou violacée indique la présence de flavonoïdes.

Mise en évidence des saponosides (test de mousse)

Un ml de décocté est agité vigoureusement pendant 15 minutes et laissé à reposer pendant 10 minutes la hauteur de la mousse persistante en millimètres indique la présence plus ou moins importante de saponosides ou leur absence dans la plante.

Mise en évidence des tannins.

Un ml de décocté est traité avec une solution de chlorure ferrique FeCl3 1% . Une coloration ou une précipitation signale la présence de tannins. Ainsi si une coloration bleu-noir est observée, on est en présence de tannins galliques et si la coloration est brun-vert, on est en présence tannins catéchiques.

Mise en évidence de quinones(test de Bornträger)

Cinq grammes de poudre sont humectées par du HCl 10% et mis à macérer dans 20 ml du mélange Ether-chloroforme dans les proportions 3-1 v/v. A 3 ml du filtrat on ajoute 1 ml de soude NaOH 10%. Une coloration rouge signale la présence de quinones.

Mise en évidence des stéroïdes et Terpènes (test de Liebermann/Buchard)

Deux grammes de poudre sont extraits durant 24 h par 20 ml d'éther éthylique ; 1 ml du filtrat est évaporé à sec et le résidu est rédissout dans quelques gouttes d'anhydride acétique. A la solution résultante on ajoute de l'acide sulfurique H_2SO_4 concentré. La présence de stéroïdes et de terpenoïdes se traduit par une coloration verte

Mise en évidence des caroténoïdes (test de Carr-Price)

Un extrait éthéré (10ml) est évaporé à sec dans une capsule et une solution saturée de trichlorure d'antimoine dans du chloroforme (2-3goutes) sont ajoutées. La présence de caroténoïdes entraîne une coloration bleu au début, qui vire plus tard au rouge.
De même on peut en dehors de ce réactif, utiliser l'acide sulfurique concentré ; cela entraîne une coloration bleu noir à bleu-verdâtre

Mise en évidence de polyuronides.

Deux ml d'extrait aqueux sont évaporé en filet mince sur un tube à essai où 10 ml d'alcool ou d'acétone ont été préalablement mis. S'il y a formation d'un épais précipité, on le sépare par précipitation ou centrifugation. Le précipité est ensuite lavé à l'alcool et fixé avec le bleu de toluidine. L'apparition d'un précipité bleu ou violet indique la présence de mucilage.

Analyse des acides organiques : Méthode de Matjaz et al. [2002]

Cinq grammes (g) de matières fraîches ont été écrasées avec 10 ml de solution éthanol/ tampon phosphate pH 8 (80/20) dans un mortier en porcelaine. L'extrait est filtré puis centrifugé et le surnageant est utilisé pour la CCM. A l'aide de tubes capillaires des dépôts fins sont faites sur une plaque de cellulose (20cmx20cm). La plaque est ensuite développée dans une chambre chromatographique en verre contenant la phase mobile formé par mélange des solvants suivants, acide formique, éthanol, eau (48,8/48,8/2,4). Apres élution de la plaque, elle est séchée à l'air ambiant du laboratoire puis on vaporise là-dessus le réactif de révélation, le dichlorophenol-indophenol (100 mg de 2,6 dichlorophenol-indophenol dans 100 ml d'éthanol). Les spots (taches bleues) sur la plaque indiquent l'emplacement des acides organiques. Des composés de référence sont utilisés pour identifier les acides organiques de nos extraits

Analyse d'acides aminés : Méthode de Matjaz et al. [2002]

Un surnageant préparé comme celui précédent est déposé sur une plaque de silice (20cmx20cm kieselgel 60, Merck). L'élution est faite avec la phase mobile suivante :
n-butanol, acide acétique, eau (80/20/20) pendant 130 minutes. Après développement les plaques sont séchées et vaporisées avec un réactif à la ninhydrine (200mg de ninhydrine dans 100 ml d'éthanol) puis chauffé (à 110°C) jusqu'à ce que des spots apparaissent sur un fond rouge sombre. Des acides aminés connus sont utilisés comme référence pour identifier les acides aminés contenus dans les extraits.

Annexe II : Liste des taxons végétaux cités

Achyrantes argentea L. (Amaranthaceae)
Aerva lanata (L)A.L.A fuss (Amaranthaceae)
Alternanthera nodiflora R.Br (Amaranthaceae)
Alternanthera pungens H.Bet Kunth (Amaranthaceae)
Alternanthera sessilis (L.) R.Br. (Amaranthaceae)
Amaranthus dubius Mart. (Amaranthaceae) ex. Thell (Amaranthaceae)
Amaranthus graecizans L. (Amaranthaceae)
Amaranthus hybridus (L). spp Incurvens (Tim.) Bren (Amaranthaceae).
Amaranthus spinosus L. (Amaranthaceae)
Amaranthus viridis L. (Amaranthaceae)
Basella alba L. (Basellaceae)
Basella rubra L. (Basellaceae)
Beta vulgaris L. (Chenopodiaceae)
Boerhaavia adscendens Willd (Nyctagynaceae)
Boerhaavia difusa (L) Hook (Nyctagynaceae)
Boerhaavia erecta L. (Nyctagynaceae)
Bougainvillea glabra Choisy (Nyctagynaceae)
Bougainvillea spectabilis Willd (Nyctagynaceae)
Celosia trigyna L. (Amaranthaceae)
Cyathula prostrata (L.) Blume (Amaranthaceae)
Gomphrena celosioides Mart. (Amaranthaceae)
Gomphrena globosa L. (Amaranthaceae)
Mirabilis dichotoma Vahl (Nyctagynaceae)
Mirabilis jalapa L. (Nyctagynaceae)
Opuntia tuna L. (Cactaceae)
Pandiaka augustifolia Vahl (Amaranthaceae) -
Pandiaka involucrata Moq. (Amaranthaceae)
Portulaca grandiflora (L.) Hook (Portulacaceae)
Portulaca meridiana L. (Portulacaceae)
Portulaca oleracea L. (Portulacaceae)
Portulaca quadrifida L. (Portulacaceae)
Pupalia lappacea (L.)Juss.(Amaranthaceae)
Spinacia oleracea L. (Portulacaceae)
Talinum tyriangulare Jacq. (Portulacaceae)
Talinum vulgare L. (Portulacaceae)
Trianthema portulacastrum L. (Portulacaceae)

Annexe III. Hémoglobine, Hème et Hématine

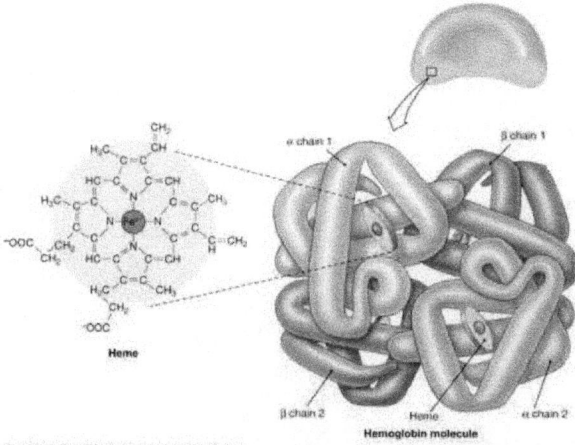

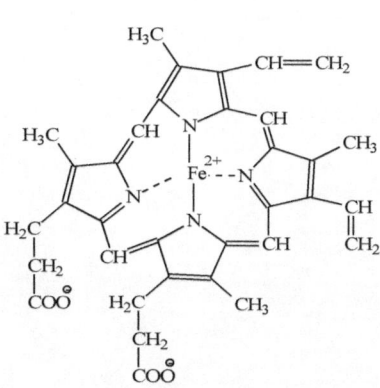

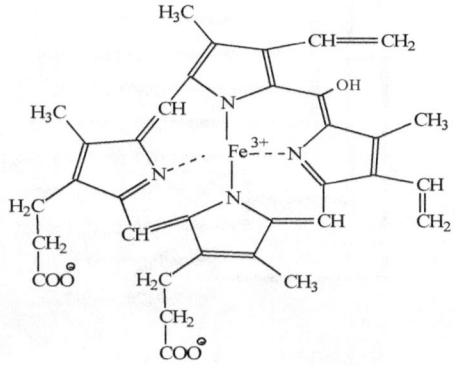

Hème ou ferroprotoporphyrine IX   Hématine ou ferriprotoporphyrine IX

Annexe IV. Arbre phylogénétique des Caryophyllales (Wikipédia)

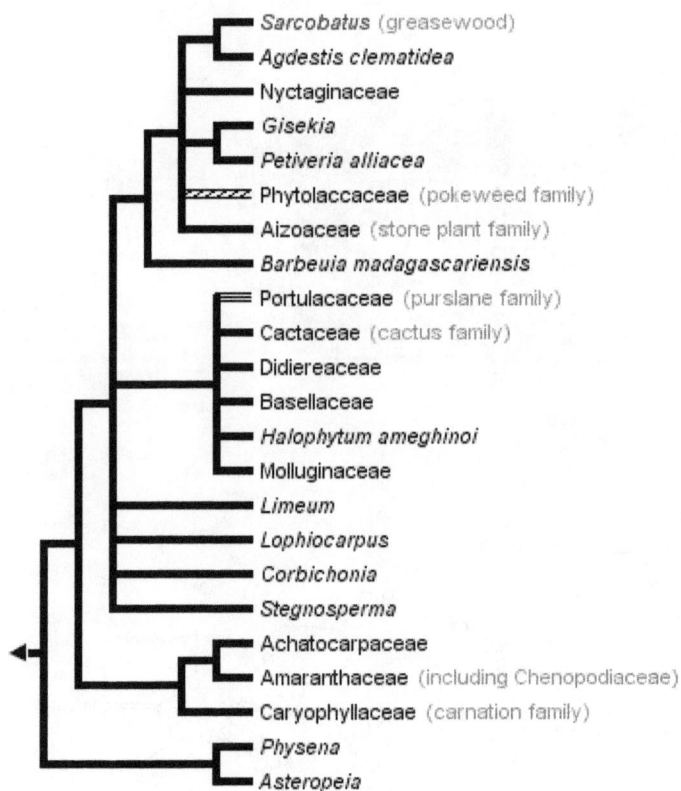

Sarcobatus (greasewood)
Agdestis clematidea
Nyctaginaceae
Gisekia
Petiveria alliacea
Phytolaccaceae (pokeweed family)
Aizoaceae (stone plant family)
Barbeuia madagascariensis
Portulacaceae (purslane family)
Cactaceae (cactus family)
Didiereaceae
Basellaceae
Halophytum ameghinoi
Molluginaceae
Limeum
Lophiocarpus
Corbichonia
Stegnosperma
Achatocarpaceae
Amaranthaceae (including Chenopodiaceae)
Caryophyllaceae (carnation family)
Physena
Asteropeia

Annexe V. images de quelques espèces de l'ordre des Caryophyllales

Stenocereus thurberi un exemple de Cactaceae (http://tolweb.org 26.07.2014**)**

Un exemple de Cactaceae en fleurs

Dianthus caryophyllus un exemple de Caryophyllaceae (http : //www.cres-t.org, 26.07.2014)

Malephora crocea, un exemple de Aizoaceae (http://forestryimages.org, 26.07.2014)

Différentes variétés de *Bougainvillea spectabilis* (Nyctagynaceae)

Drosera tokaiensis un exemple de Droseraceae (Wikipedia org)

Bougainvillea en Bonsai

Un Amaranthus (Amaranthaceae)

Un Amaranthus (Amaranthaceae)

Un Amaranthus (Amaranthaceae)

Un Amaranthus (Amaranthaceae)

Un Amaranthus (Amaranthaceae)

Un Amaranthus (Amaranthaceae)

Un Amaranthus (Amaranthaceae)

ABSTRACT

In the quest to develop new strategies for malarial chemotherapy due to the increasing capacity of malaria parasite to resist conventional antimalarial drugs, a search for natural bioactive compounds in the Burkina Faso plateau central area through a multidisciplinary approach was conducted.

The ethnobotanical and ethnopharmacological survey revealed that at least thirty betalains containing Caryophyllales order species were frequently and widely used for the treatment of various diseases as Malaria, pain, inflammatory, metabolic and oxidative stress-induced diseases. Among these plants, *Amaranthus spinosus* L. and *Boerhaavia erecta* L. are the most regularly used.

Extracts obtained from these two ethnomedicinal plants were screened for antimalarial, antioxidant and nutraceutical properties with the aim of testing the validity of their traditional uses.

The chemical analysis showed that the stem bark of the two species contain phenolics, chromoalkaloids (betalains) but not *sensu stricto* alkaloids.

HPLC-DAD/HPLC-ESI-MS analysis with respect to these two chemical families showed that while the main betalain in *A. spinosus* were Amaranthin, the major betacyanin in *B. erecta* were betanin together with Neobetanin. The latter specie showed high betalain concentration amounting to 186 mg/100g while the former contain 24 mg betacyanins in 100 g of plant dried matter

Extract of *A. spinosus* was found to contain hydroxycinnamates, quercetin and kaempferol glycosides whereas catechins, procyanidins, quercetin, kaempferol and isorhamnetin glycosides were detected in *B. erecta*. The amount of these compounds ranged from 305 mg/100g for *A. spinosus* to 329 mg/100g for *B. erecta*.

The plant extracts showed significant antimalarial activities in the 4-day suppressive antimalarial assay in mice inoculated with *Plasmodium berghei*. We obtained values for ED_{50} of 789 mg/kg and 564 mg/kg for *A. spinosus* and *B. erecta* respectively. Moreover the tested vegetal material showed only low toxicity (1450 and 2150 mg/kg as DL_{50} values for *A. spinosus* and *B. erecta* respectively). These results showed a scientific basis for the ethnomedicinal uses of the two species in the treatment of malaria.

ABTS free radical method used to measure antiradical capacity showed that the two species extracts, particularly the betalains, possess interesting antioxidant capacities. Colour and physicochemical stability parameters measuring showed that the extracts of the two species have interesting colorants properties. They can serve for the development of natural colorant for use in food industry. They may also be used as a mean of introducing essential amino acids and minerals, and antioxidant in foodstuffs, giving rise to nutraceutical.

The phytochemical composition of the tested extracts, particularly the interesting activities of betalains can justify their uses against plasmodia or oxidative stress pathologies. Enzymatic modulation by metal cofactor chelation, haem polymerisation inhibition and antioxidant activities are the suggested mechanisms of action, respectively for malaria and cardiovascular, inflammation, cancer pathologies treatments.

Key words: *Amaranthus spinosus*, *Boerhaavia erecta*, Betalains, phenolics, medicinal plants, anti-malaria, antioxidant, anti-tumoral, plateau central, Burkina Faso.

www.ingramcontent.com/pod-product-compliance
Lightning Source LLC
Chambersburg PA
CBHW021033210326
41598CB00016B/1010